热塑性硫化胶及功能化

—

Thermoplastic
Vulcanizate
and
Functionalization

—

王兆波　著

化学工业出版社

· 北京 ·

内 容 简 介

热塑性硫化胶作为传统橡胶的替代品之一与重要的热塑性弹性体,已在诸多领域获得了广泛应用。本书较为全面地介绍了热塑性硫化胶及功能化方面的基础理论、研究和新技术进展,主要内容包括:热塑性硫化胶发展概述、热塑性硫化胶结构与性能、热塑性硫化胶黏弹行为、基于热塑性硫化胶的超疏水超亲油材料、基于热塑性硫化胶的吸水膨胀橡胶、基于热塑性硫化胶的形状记忆材料、热塑性硫化胶未来展望等。

全书结合作者的自身研究成果,具有一定的独创价值,系统性、理论性和实用性较强。本书适合从事高分子材料、橡胶工程以及新材料等领域的科研人员、技术人员和管理人员阅读或参考,也可作为相关专业师生的教学参考书。

图书在版编目(CIP)数据

热塑性硫化胶及功能化/王兆波著 . —北京:化学工业出版社,2023.12
ISBN 978-7-122-44293-2

Ⅰ.①热… Ⅱ.①王… Ⅲ.①热塑性橡胶-硫化(橡胶) Ⅳ.①TQ334

中国国家版本馆 CIP 数据核字(2023)第 190393 号

责任编辑:朱 彤   文字编辑:刘 璐
责任校对:宋 夏   装帧设计:刘丽华

出版发行:化学工业出版社(北京市东城区青年湖南街 13 号 邮政编码 100011)
印   装:北京科印技术咨询服务有限公司数码印刷分部
710mm×1000mm 1/16 印张 11¾ 字数 233 千字 2024 年 1 月北京第 1 版第 1 次印刷

购书咨询:010-64518888   售后服务:010-64518899
网   址:http://www.cip.com.cn
凡购买本书,如有缺损质量问题,本社销售中心负责调换。

定   价:98.00 元

在过去的四十余年里，热塑性硫化胶在全球获得了快速发展，并被作为传统橡胶的替代品，是之后热塑性弹性体的重要发展方向。目前热塑性硫化胶已在汽车、电子电气、土木建筑等行业和领域得到了广泛应用，并获得了良好的经济效益和社会效益。

作为新型热塑性弹性体，热塑性硫化胶得到了国内外同行的高度关注，吸引了许多研究人员参与到该领域中。1981年，美国孟山都（Monsanto）公司建成了第一条热塑性硫化胶生产线；2002年道恩集团有限公司与北京化工大学合作，建立了国内第一条拥有自主知识产权的热塑性硫化胶生产线。预计在未来一段时间内，热塑性硫化胶将仍然是热塑性弹性体领域中发展最快的品种之一，由于其越来越广泛的应用，未来将大幅度替代传统的热固性硫化橡胶。因此，人们更加希望系统、全面地获取有关热塑性硫化胶方面的专业技术知识，以促进该领域基础研究的深入以及新产品的研发和应用。

著者多年来一直从事热塑性硫化胶的基础研究和应用工作，在热塑性硫化胶制备、结构、性能及功能化拓展等方面积累了较为丰富的经验。作为目前国内不多的较为全面介绍热塑性硫化胶及功能化方面的专著，本书涵盖了热塑性硫化胶发展概述、热塑性硫化胶结构与性能、热塑性硫化胶黏弹行为、基于热塑性硫化胶的超疏水超亲油材料、基于热塑性硫化胶的吸水膨胀橡胶、基于热塑性硫化胶的形状记忆材料等内容，以及对未来的展望与研究探索。

本书在撰写过程中，得到了同行的鼓励和支持；本书的完成也离不开长期在新型热塑性弹性体实验室工作过的赵洪玲、程相坤、于文娟、张艺馨、王利杰、郎丰正、李帅、宋现芬、魏东亚、赵静、王灿灿、张纪凯、张凯、刘情情、高亮亮、王立斌、张琳、时玉娇、廖珂锐、刘菲菲、张星烁、蒋志成、孙颖涛、单秀、李嘉豪、黄萍、孙龙意、陆逊、张卫然、高原、朱大志等研究生的不懈努力及对本书完成提供的帮助，在此对他们一并表示感谢。

限于著者的水平和经验，书中难免有不完善和不妥之处，望广大读者不吝指正。

王兆波

2023 年 5 月于青岛科技大学

目录

第 6 章
基于热塑性硫化胶的形状记忆材料 / 140

第 7 章
热塑性硫化胶未来展望 / 162

第1章

热塑性硫化胶发展概述

1.1　热塑性硫化胶概述

　　热塑性弹性体（thermoplastic elastomer，TPE）是在常温下显示橡胶弹性，在高温下能够塑化成型的高分子材料。热塑性橡胶（thermoplastic rubber，TPR），是继天然橡胶与合成橡胶之后的"第三类橡胶"。TPE 作为介于橡胶与塑料之间的新型材料，具有广泛应用。

　　自 1958 年热塑性聚氨酯在 Bayer 公司问世以来，TPE 由于在加工过程中不需硫化，相比于传统硫化橡胶的工业化生产流程，可降低 25%～40% 的能耗，大幅度提高了生产效率，堪称橡胶工业的一次技术革命。采用传统热塑性塑料加工方法就可对 TPE 进行成型加工，边角料和残次品可被回收利用。因其环境友好而广受欢迎，并在汽车、建筑、电线电缆、电子产品、食品包装、医疗器械等众多行业和领域得到应用。

　　按照制备方法的差异，TPE 可分为化学合成型 TPE 和机械共混型 TPE。化学合成型 TPE 具有许多优点，但与传统硫化橡胶相比，存在热稳定性差、压缩变形大、制备工艺复杂、价格昂贵等弊病，其应用受到一定的限制。机械共混型 TPE 具有制备工艺简单、设备投资小、性能可调范围广等优点，近年来深受重视且发展迅猛。到目前为止，全世界已经开发出了多种类型的 TPE，TPE 的种类及研发历程见表 1-1。

表 1-1　TPE 的种类及研发历程

项目	TPE 的种类	时间及制造商	制备方法
第一代 TPE	聚氨酯类 TPE	1960 年 Dupont 公司、Bayer 公司	加成聚合反应
	SBS[①] 嵌段共聚物	1965 年 Shell 公司	锂系活性聚合
	氯乙烯系 TPE	1967 年 Mistubishi 公司、Monsanto 公司	部分交联掺混

项目	TPE 的种类	时间及制造商	制备方法
第二代 TPE	聚烯烃 TPE	1972 年 Uniroyal 公司	EPDM[②] 与 PP[③] 掺混
	聚酯系 TPE	1972 年 Dupont 公司	缩聚反应
	SEBS[④]	1972 年 Shell 公司	SBS 加氢
	1,2-聚丁二烯	1974 年 JSR 公司	催化,溶液聚合
第三代 TPE	动态硫化 TPO[⑤]	1981 年 Monsanto 公司	EPDM/PP 动态硫化
	聚酰胺类 TPE	1982 年 Atochem 公司	缩聚反应
	耐油性动态硫化	1985 年 Monsanto 公司	NBR[⑥]/PP 动态硫化
	氟化类 TPE	1987 年 Daikin 公司	碘系自由基聚合
暂称第四代 TPE	尚未出现全新种类	1990 年以后	TPE 性能改进及市场开发

① SBS 为苯乙烯-丁二烯-苯乙烯嵌段共聚物。

② EPDM 为三元乙丙橡胶。

③ PP 为聚丙烯。

④ SEBS 为氢化苯乙烯-丁二烯-苯乙烯嵌段共聚物。

⑤ TPO 为热塑性聚烯烃。

⑥ NBR 为丁腈橡胶。

　　TPE 经历了四代的发展与改进,其种类及产量均获大幅度增加。据估计,全球 TPE 的消耗量从 2013 年的 370 万吨增长到了 2015 年的 420 万吨,2020 年则增长到 550 万吨。

　　热塑性硫化胶(thermoplastic vulcanizate,TPV)是采用动态硫化技术制备的 TPE,又称为动态硫化 TPE。动态硫化是指在一定的温度场和剪切力场的作用下,橡胶与热塑性树脂在熔融共混的过程中发生硫化,在高剪切力作用下硫化橡胶被撕碎成微米级的粒子并均匀分散于热塑性树脂相中,形成一种以热塑性树脂相为连续相、橡胶相为分散相的特殊"海-岛"型微观结构。其中,热塑性树脂相为动态硫化体系提供高温下的热塑性,而橡胶相则提供常温下的高弹性。另外,近年来也出现了具有双连续相独特结构的新型 TPV。

　　对于"海-岛"结构的 TPV 而言,在其聚集态结构中树脂相为连续相而交联橡胶粒子为分散相,如何解释其高弹行为就成为一个颇为神秘的问题。在 TPV 中,硫化的橡胶颗粒的外围被基体热塑性树脂所包裹,并形成树脂壳层结构,图 1-1 为 TPV 的弹性行为模型。在拉伸过程中,树脂相中的微晶和非晶区域会沿着拉伸方向发生取向,同时带动橡胶相发生形变。Oderkerk 认为,在 TPV 受到拉伸作用时,在球状颗粒的赤道环附近受力最大,产生的形变也最大。在外力作用方向上,橡胶分散相在基体树脂相的塑性形变带动下产生形变;而在外力去除后,由于交联的橡胶粒子具有高弹性,橡胶粒子会发生形变回复,并在 TPV 两相界面作用力的带动下基体相产生回复。因此,TPV 在宏观上表现出高弹性,树脂相塑性形变的残留，即成为 TPV 体系的永久变形。

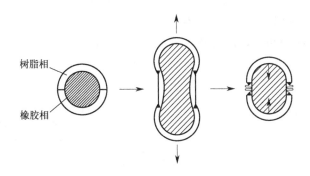

树脂相

橡胶相

图 1-1 TPV 的弹性行为模型

作为一种材料，TPV 的力学行为至关重要，热塑性塑料、硫化橡胶和 TPV 的应力-应变行为示意见图 1-2。从图 1-2 中可见，在较小的应变下，TPV 的应力随应变的增加而显著增加，表现出较高的弹性模量。但是，在较大的应变下，TPV 的应力却仅随应变的增加而缓慢增加，表现出类似硫化橡胶的应力-应变行为。在动态硫化过程中，含量较少的热塑性塑料从分散相转变为连续相，含量较多的橡胶相则发生原位硫化并成为分散相，作为 TPV 骨架的连续相是热塑性塑料，赋予 TPV 较高的拉伸强度和弹性模量。但是，同样因为树脂相的存在，使得 TPV 的永久变

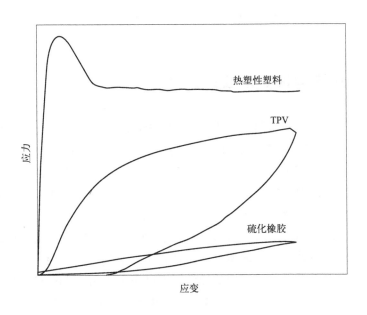

热塑性塑料

TPV

硫化橡胶

应力

应变

图 1-2 热塑性塑料、硫化橡胶和 TPV 的应力-应变行为示意

形以及由滞后所产生的内耗要高于硫化橡胶，即 TPV 的弹性要低于相应的硫化橡胶。图 1-3 是丙烯腈-丁二烯-苯乙烯共聚物（ABS 树脂）、丁腈橡胶（NBR）硫化橡胶及系列 ABS/NBR 动态硫化体系的应力-应变曲线。从图 1-3 可以看出，随着动态硫化体系中橡胶相含量的提高，其应力-应变行为逐渐转变为类似于硫化橡胶的弹性体行为。

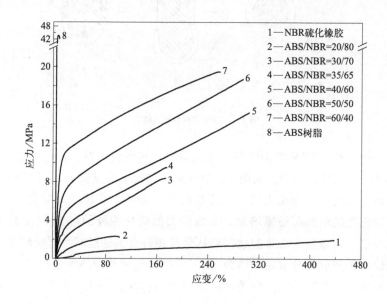

图 1-3　ABS 树脂、 NBR 硫化橡胶及系列 ABS/NBR 动态硫化体系（图中所示为质量比）的应力-应变曲线

1.2　国内外热塑性硫化胶的发展

　　Gessler 于 1962 年首次提出动态硫化的概念，Fisher 采用部分动态硫化法制备了聚丙烯（PP）/三元乙丙橡胶（EPDM）共混型 TPV，之后 Coran 和 Patel 采用全动态硫化技术制备出了 PP/EPDM 共混型 TPV。1981 年，美国孟山都（Monsanto）公司建成了第一条 PP/EPDM 共混型 TPV 生产线，实现了 TPV 的工业化生产，商品名为 Santoprene，之后 TPV 得到了迅速发展。

　　对于塑料/橡胶共混体系而言，动态硫化可使橡塑共混体系的永久变形、力学性能、耐疲劳性、耐热油性、耐温性、熔体强度、热塑加工性能等获得显著改善，其实现的途径就是要使共混体系中的橡胶相得以完全硫化。Coran 等认为，完全硫化是指橡胶相的交联密度（溶胀法测定）至少为 $7 \times 10^{-5}\,\mathrm{mol/mL}$，或者橡胶在 23℃环己烷中的可萃取物低于 3%。自 PP/EPDM TPV 工业化以来，许多 TPV 类产品相继问世。动态硫化 PP 与 EPDM 共混物因其具有优良的力学性能和良好的耐热、耐热老化、耐氧、耐臭氧、耐油及耐化学腐蚀性能而成为最成功的商业化TPV产品之一，目前PP/EPDM TPV仍是研究的热点之一。

1.2.1 动态硫化热塑性塑料/橡胶体系组成

按照动态硫化热塑性塑料/橡胶共混体系两相的极性差异，动态硫化共混体系可以分为非极性塑料与非极性橡胶、极性塑料与极性橡胶、非极性塑料与极性橡胶、极性塑料与非极性橡胶等四类。

对于非极性塑料与非极性橡胶组成的动态硫化共混体系而言，一般情况下是由非极性的聚烯烃树脂与EPDM、丁苯橡胶（SBR）、顺丁橡胶（BR）、天然橡胶（NR）、丁基橡胶（IIR）等非极性橡胶构成，其中最具代表性的是PP/EPDM TPV。目前报道的此类共混体系包括高抗冲聚苯乙烯（HIPS）/SBR、高密度聚乙烯（HDPE）/EPDM、HIPS/BR、HIPS/高乙烯基BR、低密度聚乙烯（LDPE）/EPDM、HDPE/SBR、PP/NR、HDPE/环氧化天然橡胶（ENR）、HDPE/NR及PP/IIR等。

对于极性塑料与极性橡胶组成的动态硫化共混体系而言，为了使产物TPV耐烃类溶剂，通常采用极性橡胶与极性塑料来制备TPV。以极性塑料作为基体，其本身对烃类溶剂具有一定的耐油性。目前报道的此类共混体系包括聚酰胺（PA）/NBR、聚氯乙烯（PVC）/氯化聚乙烯橡胶（CM）、乙烯-醋酸乙烯酯共聚物（EVA）/CM、EVA/NBR、ABS/NBR、EVA/乙烯-醋酸乙烯酯共聚物橡胶（EVM）、聚乳酸（PLA）/NBR、乙烯-丙烯酸共聚物（EAA）/氯丁橡胶（CR）、EAA/NBR及聚偏氟乙烯（PVDF）/EVM等。

对于非极性塑料与极性橡胶组成的动态硫化体系而言，通常为了满足生产过程中对特定性能的需求，应将原材料进行组合，使得动态硫化后的产物兼具各个组分的优点。如PP/NBR、聚乙烯（PE）/NBR体系，NBR具有良好的耐油、耐溶剂性能，而PP、PE是结晶高分子材料，因此二者的动态硫化产物是理想的制备耐油TPV的材料。但是，根据相似相容原理，极性相差较大，会不可避免地影响界面相容性，因此需要加入适当的增容剂来改善两相之间的界面作用。

对于极性塑料与非极性橡胶组成的动态硫化体系而言，其中最具有代表性的为PA/EPDM、PA/IIR及PLA/NR动态硫化体系。由于大多数橡胶为非极性的，为了提高界面作用，此类体系也需加入增容剂才能获得良好性能。对于PA而言，常用的增容剂是含环氧化合物或酸酐类的物质。

1.2.2 动态硫化热塑性塑料/橡胶硫化体系

对于由热塑性塑料及橡胶构成的动态硫化体系而言，硫化体系即交联体系对产物性能有着重要影响。通过硫化体系的选取和对动态硫化温度、时间的控制，可调控动态硫化体系的硫化速度及橡胶相的交联密度，实现共混体系中橡胶相的相转换、破碎及在热塑性基体中的均匀分散，形成良好的界面作用，从而制备出具有优异性能的 TPV。常见的用于动态硫化的交联体系有以下 3 种。

① 硫黄硫化体系。该体系由硫黄、促进剂和活化剂等组成。采用硫硫键作为交联键，交联后的橡胶分子链的柔顺性较好。采用该法所得的 TPV 具有较好的动态性能，表现出较高的扯断伸长率和良好的弹性，但产物加工流动性差且硫化速度较慢，只适于含有双键的不饱和橡胶的动态硫化体系。

② 过氧化物硫化体系。该体系可以硫化大多数橡胶，交联键为 C—C 键。由于 C—C 键键能较大，采用过氧化物交联体系制备的 TPV 具有较高强度、较好耐老化性能和较低压缩永久变形，但是产物的动态性能较差且扯断伸长率、撕裂性能较低。由于普通过氧化物硫化时和硫化后 TPV 产物的异味较大，不适用于使用环境要求较高的场合。采用双叔丁基过氧二异丙基苯（BIPB）作为交联体系可以较好地解决这个问题，但因其价格昂贵而限制了应用范围。

③ 酚醛树脂硫化体系。采用该硫化体系制备的 TPV 的力学性能和加工性能介于采用过氧化物硫化体系和硫黄硫化体系制备的 TPV 之间，动态硫化反应过程易于控制。

随着科学技术的发展，一些动态硫化体系中橡胶相的交联并不是采用加入化学交联剂的方法，而是采用高能电子束、射线或者高能离子束对其进行照射；也有采用可以可逆再生的配位键的方法，从而达到橡胶交联的目的。

对于 TPV 材料而言，其动态硫化体系、动态硫化工艺条件、橡塑组成及配比、分散相的尺寸以及两相之间界面结合强度均会对 TPV 的力学性能产生显著影响。对于商业化的 TPV 来说，为了改善加工流动性，降低硬度，均衡 TPV 的高弹性和流动性，在制备 TPV 时体系会被填充大量的软化剂。此外，添加增强体、界面增容剂以及功能添加剂等均可调控 TPV 的性能，进而拓宽其应用领域。

1.2.3 动态硫化热塑性塑料/橡胶生产设备

在热塑性塑料及橡胶共混体系的动态硫化过程中，需提供一定的温度场和剪切力场。常见的用来制备 TPV 的设备，包括开炼机、Haake 转矩流变仪、Brabender 转矩流变仪、Banbury 密炼机和双螺杆挤出机等。

开炼机一直是实验室中常用的制备 TPV 的设备。在 TPV 的制备过程中，用肉眼可以清晰地观察到物料的颜色及状态的变化，操作简单，不需要密炼机复杂的清洗过程。但其缺点是对操作人员的工艺水平要求高，如果操作不熟练则实验结果相差较大，目前仅适用于实验室研究，不适用于工业化批量生产。

早期 Coran 等是采用密炼机对 TPV 进行制备和研究的。与开炼机相比，密炼机可提供比较准确的温度和可变的剪切力，通过转矩曲线来判断动态硫化过程中橡塑共混的情况、橡胶的硫化和撕碎情况，从而判断动态硫化的进程。

双螺杆挤出机可提供较高的剪切力、较强的混合作用以及最佳的温度场。与密炼机和开炼机相比，其最大优点是可以进行连续生产。双螺杆挤出机分段控温，有效地控制橡胶相与树脂相之间的共混、橡胶相的交联、破碎及在基体中的分散，而且双螺杆的转速很高，可提供较大的剪切力，尤其在螺杆具有较大长径比的时候，能够有效促进橡胶相的破碎及其在热塑性基体中的均匀分散。一般情况下，采用开炼机及密炼机所制备的 TPV 的橡胶相粒径相对较大，而采用双螺杆挤出机生产的 TPV 的橡胶相的粒径可以达到微米尺度，因此采用双螺杆挤出机可生产出性能优良的 TPV。目前双螺杆挤出机也是工业化生产 TPV 中最常采用的设备。

1.3 热塑性硫化胶主要应用

TPV 综合了热固性橡胶的高弹性和热塑性塑料的良好加工性能，可采用多种常规的加工手段来满足不同制品要求，因此 TPV 逐渐替代传统橡胶，应用于除轮胎之外几乎所有的橡胶制品领域之中，已经被作为传统橡胶的替代品与之后弹性体的重要发展方向。根据用量，其在汽车领域占 30%～40%，电子电气行业占 10%～15%，土木建筑行业约占 10%，其他行业占 30%～40%。TPV 的应用领域及其特点如表 1-2 所示。

表 1-2 TPV 的应用领域及其特点

应用领域	典型产品	性能
汽车工业领域	密封材料	耐候性
	护套	耐油性
	缓冲器部件	耐挠曲
建筑密封型材	住宅门窗用耐候密封条	可着色性
	替代 PVC 材料	粘接性能
	玻璃幕墙、大门和天窗用密封件和密封条	耐候性
	建筑物、道路、桥梁用伸缩缝	弹性好
工业制品、工具、日用品	键盘及按键	触感柔软
	手柄及把手	防滑
	密封、垫圈及软管	耐油性
电线、电缆	电线及电缆连接器	耐油、耐磨、耐温性
	电线及电缆绝缘和护套	电性能优异
体育用品	防护器具	耐候性
	潜水器材	色彩美观
	握把	触感柔软

由于 TPV 相比于传统硫化橡胶，具有不可比拟的优良的力学性能和价格优势，且具有可采用挤出及注射等成型方式、可重复加工、性能范围较宽等优势，从而在很多行业中得到了广泛应用。对市场数据的分析表明，未来几年亚太地区对 TPV 的年均需求量的增长率将在 10％以上，而国内对 TPV 的需求量将以每年超过 30％的速度增长，TPV 行业的发展前景良好。

纵观国内外 TPV 的生产企业，国外 TPV 生产企业主要有：美国 AES、美国 Teknor Apex、美国 Zeon Chemicals、美国 DowCorning、美国 DuPont、日本 Mitsui、韩国 SK、土耳其 ENPLAST 等；国内的 TPV 生产企业主要有道恩集团有限公司、安徽雄亚塑胶科技有限公司、南京金陵奥普特高分子材料有限公司、宝瑞龙高分子材料（天津）股份有限公司、浙江万马高分子材料集团有限公司等。预计在未来一段时间内，TPV 是 TPE 领域中发展最快的品种之一，TPV 正在越来越多的应用领域中替代传统的热固性硫化橡胶，成为最具发展前景的高分子材料品种之一。

第2章

热塑性硫化胶结构与性能

2.1 热塑性硫化胶微观结构

　　TPV 的形态结构主要取决于热塑性树脂和橡胶之间的相容性、体积比、动态硫化过程中两相的黏度及剪切力场，界面增容剂也会产生一定影响。虽然大多数高分子材料特别是热塑性树脂与橡胶之间在热力学上是不相容的，但通常会在其他方面具有一定的相容性；二者之间的相容性越好，就越容易在熔融共混的过程中实现相互扩散，使两相界面模糊、相畴的尺寸小、界面作用力大，产物具有良好的力学性能。但是，一方面，如果两相是完全相容的或相容性极好，则难以出现多相体系的协同效应，性能未必有较大的改善；另一方面，如果两相完全不相容或相容性极差，则界面作用弱，产物的性能必然劣化。Jordhamo 研究了高分子共混体系中相的连续性与黏度、两相组分的体积分数之间的关系。研究发现，低黏度或者含量较高的组分易于形成共混体系的连续相，并且当两相的黏度比 η_1/η_2 约等于两相的体积比 V_1/V_2 时可形成双连续相的结构；若 η_1/η_2 小于 V_1/V_2 时，组分 2 是分散相，反之则组分 1 是分散相。对于动态硫化制备的过程而言，体系的温度通常变化不大，热塑性树脂的熔体黏度是相对恒定的。但是，随着动态硫化的进行，由于硫化导致橡胶相的黏度持续提高，共混体系中两相的黏度比是不断变化的，并且不同动态硫化设备所提供的剪切力场也存在差异，这些同样是影响 TPV 相态结构的重要因素。

　　对于具有"海-岛"相态结构的 TPV，动态硫化过程中 TPV 的相态变化过程示意见图 2-1。从图 2-1 中可以看出，在热塑性树脂和橡胶熔融共混的初期，橡胶相并未发生硫化，在高温和高剪切力的作用下橡胶和热塑性树脂形成具有双连续相结构的熔融共混体系，橡胶相发生一定的形变，如图 2-1（a）和图 2-1（b）所示。随着动态硫化时间的延长，橡胶相开始发生交联，由此导致橡胶相黏度的急剧上升，在剪切力的作用下硫化橡胶被拉伸为带状物，如图 2-1（c）所示。在持续的温度场和剪切力场的作用下，带状的硫化橡胶被剪切破碎为分散相粒子，如图 2-1 (d) 所示。在动态硫化的末期，硫化橡胶的粒子继续细化，并均匀分散于热塑性树脂基体中，见图 2-1(e)。

动态硫化时间

| (a) 双连续相 (硫化尚未开始) | (b) 剪切力作用下橡胶变形(硫化尚未开始) | (c) 剪切力作用下橡胶变形为带状(开始硫化) | (d) 硫化橡胶在剪切力作用下破碎 | (e) 硫化橡胶粒子 |

图 2-1　动态硫化过程中 TPV 的相态变化过程示意（阴影部分是橡胶相）

高分子共混物相结构的研究方法主要有光学显微镜法、电子显微镜法、光散射法和中子散射法等。当多相体系的相尺寸较大时，光学显微镜法最为简单易行且直观，其中相差显微镜（也称相衬显微镜）适合于观察微米尺度的相态结构。将样品冷冻切片或热压成薄片，用相差显微镜可直接观察其微观相态结构。

图 2-2 为相差显微镜下 HIPS/EVA/SBR TPV 的微观相态图。从图 2-2 中可清晰地观察到分散到基体中的粒径为几微米至数十微米的 SBR 硫化橡胶粒子。

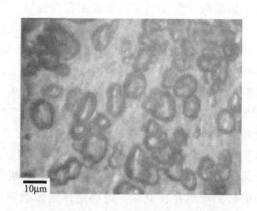

10μm

图 2-2　相差显微镜下 HIPS/EVA/SBR TPV 的微观相态图

图 2-3 是相差显微镜下动态硫化和静态硫化乙烯-辛烯共聚物（POE）/EPDM 共混体系的相态图，在 POE/EPDM 的共混物中 POE 基体形成连续相，交联的 EPDM 则形成了分散相。从图 2-3(a) 中可以看出，经过动态硫化后，EPDM 硫化胶粒子大小不一，在 $1\sim20\,\mu m$ 之间，形貌不规则。但是，对于未经过动态硫化的 POE/EPDM 共混物，其样品中的 EPDM 尺寸在 $100\,\mu m$ 以上，如图 2-3(b) 所示。

从图 2-3 中可见，相差显微镜可以很好地表征分散相尺寸为微米尺度的 TPV 的两相结构。对比图 2-3(a) 与图 2-3(b) 可以看出，动态硫化对橡塑共混体系分散相具有强烈的细化作用，这将显著改善共混体系的力学行为，并确保在后续成型过程中分散相形态的稳定。

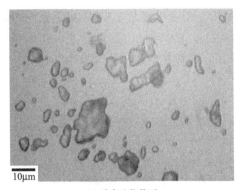

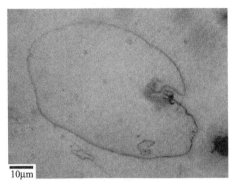

(a) 动态硫化体系   (b) 静态硫化体系

图 2-3 相差显微镜下动态硫化和静态硫化 POE/EPDM 共混体系的相态图

透射电子显微镜（TEM）可从原子或分子角度来观察材料的结构，由于橡胶和热塑性树脂对电子的透射能力差别较小，容易导致图像衬度差异较小，因此通常不能直接观察出各组分的结构。然而对于分子链上含有双键的物质，可以用 OsO_4 或 RuO_4 对其进行染色，来降低其电子的穿透率，从而提高其衬度。对于橡胶相中含有双键但是基体树脂相中不含双键的 TPV 可以超薄切片，后经 OsO_4 或 RuO_4 染色，采用 TEM 观察其相态结构。图 2-4 是 PP/EPDM（质量比＝30/70）TPV 的 TEM 图。图 2-4 中衬度较浅的是 PP 连续相，而衬度较深的是硫化 EDPM 形成的分散相，橡胶粒子较为均匀地分散于热塑性树脂基体中。

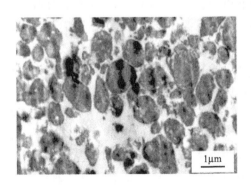

图 2-4 PP/EPDM（质量比＝30/70）TPV 的 TEM 图

扫描电子显微镜（SEM）可以精细地观察 TPV 样品的表面形貌，对于具有多相结构的 TPV，可以通过选择溶剂并在适当刻蚀条件下去除掉 TPV 表层的树脂相。由于橡胶相已发生交联而不能被溶解，因此将 TPV 表层的热塑性树脂刻蚀掉以后，其表层中的橡胶相得以凸显。通过 SEM 可以观察橡胶相的形貌、分散情况及粒径尺寸，这也是目前很常见的一种表征方式。图 2-5 为刻蚀后 HDPE/NR（质量比＝40/60）TPV 表面的 SEM 照片。从图 2-5 中可以看出，TPV 的表面分布着大量的分散相橡胶粒子，对比图 2-5(a) 与图 2-5(b) 可见，提高动态硫化体系中交联剂的用量，对分散相粒子会起到细化作用，分散相的尺寸得到减小，这将有助于改善 TPV 的力学性能。

(a) 5phr交联剂   (b) 7phr交联剂

图 2-5　刻蚀后 HDPE/NR（质量比＝40/60）TPV 表面的 SEM 照片

phr 表示对每 100 份（以质量计）橡胶添加的份数，即每百克橡胶基料添加辅料的质量（g）

图 2-6 为 HIPS/SBS/SBR（质量比＝30/15/70）TPV 刻蚀表面 SEM 图。从图 2-6 可见，刻蚀后 HIPS/SBS/SBR TPV 表面的橡胶粒子在 $10\mu m$ 左右且均匀分散在样品表面，对比图 2-6(a)、(b)、(c)、(d) 可见，分散相的橡胶粒子表面具有明显粗糙结构。该动态硫化体系的橡胶相中填充了炭黑增强体，黏度较大的橡胶相在剪切力的作用下被撕裂成碎块，被撕碎的橡胶粒子表面来不及恢复便被热塑性树脂的熔体浸入，形成刻蚀后的表面片层结构。这些粗糙结构有利于增大界面面积，进而提高界面相互作用，使得 TPV 强度显著提高。

图 2-7 是 LDPE/EPDM（质量比＝50/50）TPV 刻蚀表面的 SEM 图。从图 2-7(a) 中可以看出，由于表层的连续相 LDPE 被选择性刻蚀去除，外观类似球状的 EPDM 硫化胶粒子不能溶解而凸显于样品表面。从图 2-7(b) 的高倍放大图中可以观察到，EPDM 硫化胶粒子之间的树脂相由于被刻蚀掉，使得橡胶粒子之间出现缝隙，分散相的橡胶颗粒尺寸在 $3\sim5\mu m$ 范围内。

目前新型 SEM 仪器大都拥有背散射电子成像系统，在扫描电镜中背散射电子

　热塑性
硫化胶及功能化

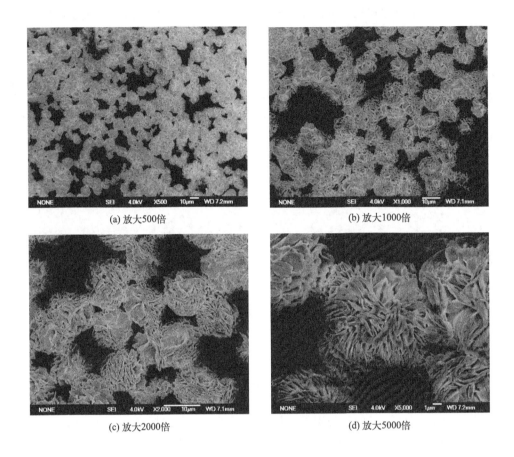

(a) 放大500倍　　　　　　　　　　　　(b) 放大1000倍

(c) 放大2000倍　　　　　　　　　　　　(d) 放大5000倍

图 2-6　HIPS/SBS/SBR（质量比= 30/15/70）TPV 刻蚀表面 SEM 图

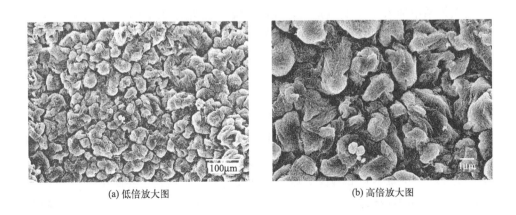

(a) 低倍放大图　　　　　　　　　　　　(b) 高倍放大图

图 2-7　LDPE/EPDM（质量比= 50/50）TPV 刻蚀表面的 SEM 图

成像与二次电子成像相比，虽然在信号强度、分辨率等方面不及二次电子成像，但是背散射电子成像具有一些二次电子成像所无法比拟的优点，如原子序数 Z 反差较高。Ning 等采用 SEM 的背散射电子成像模式观察了聚十二内酰胺（PA12）/溴化丁基橡胶（BIIR）TPV 的相态结构。图 2-8 是背散射电子成像模式下 PA12/BI-IR TPV 相态结构的 SEM 图，图 2-8 中的亮色区域代表 PA12 基体，而深色区域则代表 BIIR 分散相。从图 2-8（a）与图 2-8（b）的对比可以看出，在体系中加入增容剂后，橡胶相粒子大小均匀且尺寸减小。

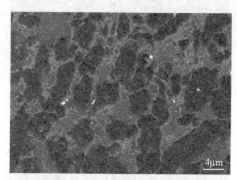

(a) 未添加增容剂   (b) 添加增容剂

图 2-8　背散射电子成像模式下 PA12/BIIR TPV 相态结构的 SEM 图

　　图 2-9（a）及图 2-9（b）分别是 HIPS/高乙烯基聚丁二烯橡胶（HVPBR）TPV 和 HIPS/苯乙烯-丁二烯-苯乙烯嵌段共聚物（SBS）/HVPBR TPV 表面刻蚀后的 SEM 图。从图 2-9（a）中可以看出，对于未增容的 HIPS/HVPBR TPV，其相态是典型的"海-岛"结构，橡胶相粒径为 5～8μm，形貌不规则，且橡胶粒子的表面光滑。当在体系中加入 SBS 增容剂后，橡胶相发生了明显的细化，其粒径减小至 3～5μm，外观呈类球状且表面较为粗糙，如图 2-9（b）所示。对于增容 TPV 体系而言，在动态硫化过程中，增容剂趋向于分布在橡胶相与热塑性树脂相的界面处，并使界面处的黏度增大，阻止分散相之间发生接触和聚集。这也就意味着：一方面，橡胶粒子之间若要相互接触和聚集就必须要排挤开接触区域内的基体相及增容剂，但是较高的界面黏度导致橡胶粒子之间接触区域的基体相及增容剂难以被排挤掉，因而增容剂的存在将阻碍橡胶粒子之间的合并及尺寸变大，从而起到细化分散相橡胶粒子尺寸的作用；另一方面，界面黏度的增大导致在动态硫化过程中，界面处所受剪切力增大，交联橡胶相被撕裂后的表面变得粗糙，增强了界面作用。图 2-9（c）是 PLA/NBR/甲基丙烯酸锌（ZDMA）TPV 表面刻蚀后的 SEM 图，经二氯甲烷刻蚀之后样品表面的 PLA 树脂相被刻蚀掉，橡胶相由于发生交联不能溶解从而凸显于表面。从图 2-9（c）中还可以看出，采用 ZDMA 增强的 PLA/NBR TPV 具有致密的双连续相结构，这种具有双连续相微观结构的 TPV 也是比较少见的。

(a) HIPS/HVPBR TPV (b) HIPS/SBS/HVPBR TPV

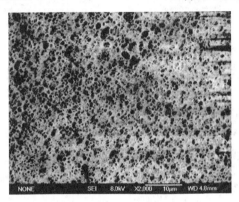

(c) PLA/NBR/ZDMA TPV

图 2-9 HIPS/HVPBR、HIPS/SBS/HVPBR 及 PLA/NBR/ZDMA TPV 表面刻蚀后的 SEM 图

　　采用原子力显微镜（AFM）也可以对 TPV 的相态、变形的机理进行研究。Prut 采用 AFM 对以硫黄以及酚醛树脂为硫化体系的 PP/EPDM TPV 进行了观察，通过 AFM 可以清晰地观察到 EPDM 橡胶相为分散相、PP 为连续相的微观相态结构，且硫黄硫化体系的分散相分布更为均匀。

　　图 2-10 为动态硫化 HIPS/SBS/HVPBR TPV 的形态演变的 SEM 图。对不同动态硫化时间的体系进行取样，对取样的表面进行选择性刻蚀，采用 SEM 研究动态硫化过程中体系的形态演变。从图 2-10 中可以看出，在动态硫化的初期，橡胶混炼胶相尚处于焦烧期而未发生交联。但在温度场和剪切力场的作用下，橡胶混炼胶和热塑性树脂实现了熔融共混。此时两相均可溶于刻蚀液，在刻蚀样品的表面观察不到明显的两相结构，如图 2-10(a) 所示。但随着动态硫化时间的延长，进入预硫化阶段后，橡胶相逐渐发生交联并导致体系黏度剧增，在动态硫化过程中的强大剪切力的作用下，橡胶相逐渐被撕裂成碎块并分散于热塑性树脂中。当动态硫化时

间为 3min 时，体系已呈现出明显的两相结构，此时橡胶相粒径为 10μm 左右，如图 2-10(b) 所示。继续动态硫化，在持续的剪切力作用下，橡胶相尺寸迅速变小且粒子较为均匀，其粒径为 4～6μm，如图 2-10(c) 所示。当动态硫化时间为 6min时，硫化 HVPBR 橡胶粒子的尺度得以继续细化，并以彼此孤立的粒子均匀地分散于树脂连续相中，此时粒径为 3～5μm，如图 2-10(d) 所示。

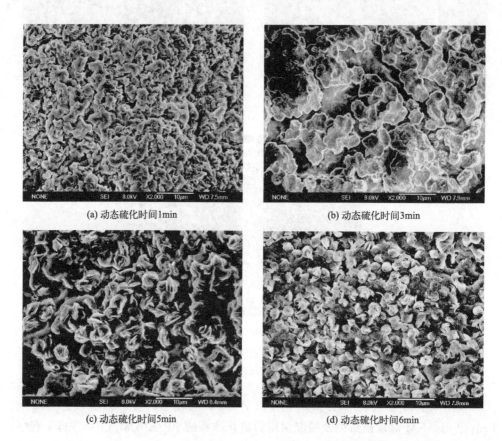

(a) 动态硫化时间1min

(b) 动态硫化时间3min

(c) 动态硫化时间5min

(d) 动态硫化时间6min

图 2-10　动态硫化 HIPS/SBS/HVPBR TPV 的形态演变的 SEM 图

　　图 2-11 为动态硫化 PLA/NBR TPV 形态演变的 SEM 图。对不同动态硫化时间的体系进行取样，采用二氯甲烷对取样表面进行选择性刻蚀，之后用 SEM 观察动态硫化过程中体系的形态演变。从图 2-11(a) 中可以看出，在动态硫化初期，样品表面被刻蚀掉的树脂相孔洞大小不均，且孔壁较厚。动态硫化 3min 时，刻蚀孔径整体变小，然而还有较大的孔洞，见图 2-11(b)。延长动态硫化时间，两相尺寸逐渐减小。当动态硫化时间为 5min 时，刻蚀样品的孔径变小，大孔数量减少，见图 2-11(c)。而当动态硫化时间为 7min 时，刻蚀之后的样品表面已呈现均匀的双连续相的网络状结构，见图 2-11(d)。

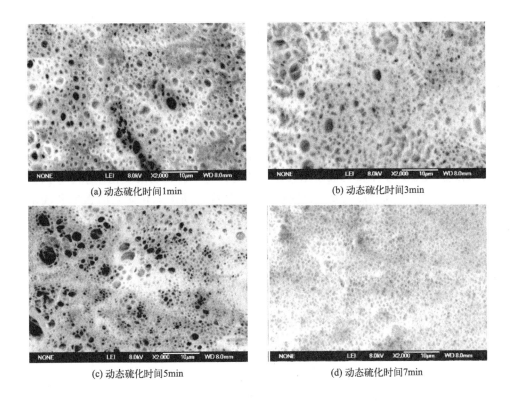

(a) 动态硫化时间1min　　　　　　　　　　(b) 动态硫化时间3min

(c) 动态硫化时间5min　　　　　　　　　　(d) 动态硫化时间7min

图 2-11　动态硫化 PLA/NBR TPV 形态演变的 SEM 图

2.2　热塑性硫化胶力学性能

通常来说，TPV 的微观相态结构大多为"海-岛"结构，热塑性树脂构成连续相，而橡胶粒子分散在基体中并形成分散相。TPV 的强度主要是由热塑性树脂基体来提供的，树脂相的含量对动态硫化体系的强度起着决定性作用；TPV 中的橡胶相赋予其一定的高弹性，并主要体现在大的形变和较小的永久变形。此外，橡胶相的强度以及橡塑界面作用，也对 TPV 的性能有着不可忽视的影响。

图 2-12 为 HIPS 树脂及系列动态硫化 HIPS/SBR 共混体系的应力-应变曲线，HIPS 与 SBR 的质量比为 20/80～70/30。从图 2-12 中可以看出，随着动态硫化体系中 HIPS 含量的增大，动态硫化共混体系的应力-应变曲线由类似橡胶特征曲线（反 S 形）逐渐向韧性 HIPS 的特征曲线（先屈服、后断裂）转变。当 HIPS 的含量在 40%（质量分数）以下时，动态硫化产物的应力-应变曲线呈现出典型的软而韧的弹性体特征。当 HIPS 的含量在 50%~60% 时，应力-应变曲线上虽无屈服点，但其具有类似硬而韧的树脂的特征；当 HIPS 含量超过 70% 时，其应力-应变曲线即出现明显屈服的树脂特征，此时的共混体系已经不具备 TPE 的行为特征。从图

2-12 可见，当 HIPS 含量在 40％以下时，动态硫化产物具有较强的弹性体特征和一定的力学性能。

表 2-1 为 SBR 静态硫化胶、HIPS 树脂及系列 HIPS/SBR 动态硫化体系的力学性能。从表 2-1 可以看出，SBR 静态硫化胶的拉伸强度、撕裂强度及硬度均较低，但是具有较大的扯断伸长率和较小的扯断永久变形；而 HIPS 则是强度和韧性较高的热塑性树脂。从表 2-1 中还可以看出，适当提高共混体系中的 SBR 含量，动态硫化产物的扯断伸长率显著提高，但扯断永久变形仍较低，硬度持续下降，拉伸强度、撕裂强度也趋于下降，表现出一定的弹性体特征。在动态硫化体系中，热塑性树脂 HIPS 的强度和硬度较高，HIPS 的含量越高，动态硫化体系的强度和硬度就越高。SBR 橡胶相为动态硫化体系提供必要的高弹性，控制动态硫化体系中的橡塑质量比，是制备性能良好的热塑性硫化胶的重要因素之一。

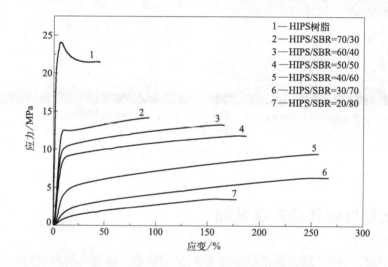

图 2-12　HIPS 树脂及系列动态硫化 HIPS/SBR 共混体系（图中所示为质量比）的应力-应变曲线

表 2-1　SBR 静态硫化胶、HIPS 树脂及系列 HIPS/SBR 动态硫化体系的力学性能

材料	拉伸强度/MPa	扯断伸长率/%	扯断永久变形/%	撕裂强度/(kN/m)	邵氏 A 硬度（HA）
SBR 静态硫化胶	1.9	599	7.5	10.7	41
HIPS/SBR＝20/80	3.6	185	7.0	25.4	73
HIPS/SBR＝30/70	6.2	267	22.0	38.4	83
HIPS/SBR＝40/60	8.5	236	39.0	52.2	94
HIPS/SBR＝50/50	11.9	192	43.0	61.3	97
HIPS/SBR＝60/40	12.9	159	34.0	77.2	97
HIPS/SBR＝70/30	13.5	74	14.0	85.9	96
纯 HIPS 树脂	21.5	40	12.5	106.0	97

通常情况下，热塑性树脂与橡胶之间只具有一定的相容性，在动态硫化共混体系中加入界面增容剂，可强化界面作用并有助于改善动态硫化产物的性能。Dongya Wei 采用 SBS 作为增容剂，对 ABS/NBR TPV 进行界面增容。

图 2-13 为系列 SBS 增容 ABS/NBR TPV 的应力-应变曲线。从图 2-13 中可以看出，提高增容剂 SBS 的用量，TPV 的初始模量趋于降低，系列增容 ABS/NBR TPV 的应力-应变曲线的形状很相似，均表现明显软而韧的弹性体特征。当 SBS 加入量低于 6phr 时，与未增容的 ABS/NBR TPV 相比，增容后 TPV 体系的拉伸强度和扯断伸长率趋于显著提高。

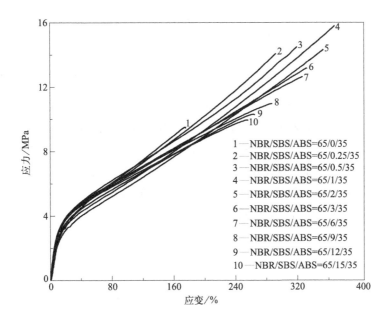

图 2-13 系列 SBS 增容 ABS/NBR TPV 的应力-应变曲线

系列 SBS 增容的 ABS/NBR TPV 的力学性能见表 2-2。从表 2-2 可见，随着 SBS 用量的提高，TPV 的拉伸强度和扯断伸长率显著提高，且 SBS 用量仅为 1phr 时即可达到最大值，之后则有所下降；SBS 的加入对 TPV 硬度的影响甚微；SBS 对扯断永久变形的影响规律与扯断伸长率相似。可以看出，所有 SBS 增容 TPV 的 100% 定伸永久变形的数据均小于 50%，根据 ASTM D1566—2020 *Standard terminology relating to rubber* 的规定，可归为弹性体的范畴。

表 2-2 系列 SBS 增容的 ABS/NBR TPV 的力学性能

ABS/SBS/NBR（质量比）	拉伸强度/MPa	扯断伸长率/%	100%定伸永久变形/%	扯断永久变形/%	撕裂强度/(kN/m)	邵氏 A 硬度（HA）
35/0.00/65	9.5	175	12.0	35	48.5	82

ABS/SBS/NBR（质量比）	拉伸强度/MPa	扯断伸长率/%	100%定伸永久变形/%	扯断永久变形/%	撕裂强度/(kN/m)	邵氏A硬度（HA）
35/0.25/65	14.1	292	11.3	60	53.0	82
35/0.50/65	14.5	320	11.0	66	55.0	82
35/1.00/65	15.8	368	10.2	67	56.5	82
35/2.00/65	14.3	353	11.0	67	59.1	82
35/3.00/65	13.2	333	11.5	67	59.9	83
35/6.00/65	12.6	327	12.0	65	56.9	83
35/9.00/65	10.8	288	12.3	57	54.6	83
35/12.00/65	10.3	265	12.3	42	49.9	82
35/15.00/65	10.0	257	12.5	40	44.5	83

　　图 2-14 为系列 ABS/CM/NBR TPV 的应力-应变曲线。从图 2-14 中可以看出，所有应力-应变曲线形状很相似，当应变低于 10％时，弹性模量和应力显著增加，之后随着应变的增加，应力-应变曲线的斜率逐渐降低，直至发生断裂，所有应力-应变曲线都体现出软而韧的弹性体特性。从图 2-14 中曲线的对比还可以看出，在动态硫化体系的 ABS 相中加入 CM 后，当 CM 用量低于 12phr 时，增容后 TPV 的拉伸强度和扯断伸长率均可显著提高。

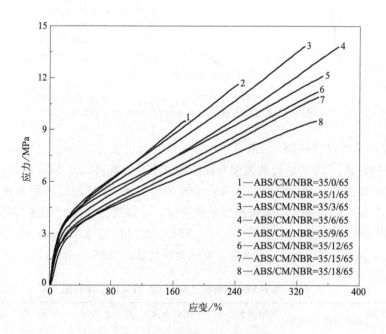

图 2-14　系列 ABS/CM/NBR TPV 的应力-应变曲线

CM 含量对 ABS/CM/NBR TPV 力学性能的影响如表 2-3 所示。从表 2-3 中可以看出，随着 CM 用量的增加，ABS/CM/NBR TPV 的拉伸强度、扯断伸长率和撕裂强度均趋于显著增加，且当 CM 用量为 6phr 时达到最大值，之后有所下降；增容剂 CM 的加入对系列 ABS/CM/NBR TPV 硬度影响甚微；CM 对 TPV 的扯断永久变形的影响规律与扯断伸长率相似。从表 2-3 的性能对比可见，界面增容后 TPV 的高弹行为得到了显著改善。

表 2-3　CM 含量对 ABS/CM/NBR TPV 力学性能的影响

ABS/CM/NBR（质量比）	拉伸强度/MPa	扯断伸长率/%	100%定伸永久变形/%	扯断永久变形/%	撕裂强度/(kN/m)	邵氏 A 硬度（HA）
35/0/65	9.5	178	28	35	48.5	83
35/1/65	11.6	244	27	40	51.3	83
35/3/65	13.8	329	30	59	53.3	83
35/6/65	13.8	373	25	61	55.1	83
35/9/65	12.1	353	25	62	56.1	82
35/12/65	11.2	346	27	61	55.3	82
35/15/65	10.9	348	27	55	48.9	82
35/18/65	9.5	345	25	50	47.5	81

图 2-15 为 SBS 增容 HIPS/HVPBR TPV 的应力-应变曲线。从图 2-15 中可以看出，采用 SBS 进行界面增容后，TPV 的应力-应变曲线形状相似，均表现出软而

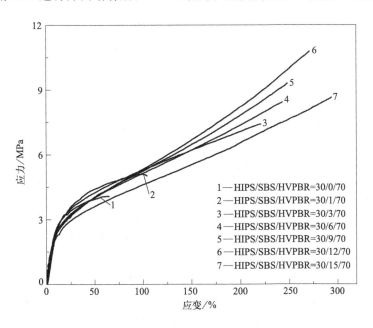

图 2-15　SBS 增容 HIPS/HVPBR TPV 的应力-应变曲线

韧的弹性体特性。但需要指出的是，增容后 TPV 样品的拉伸强度和扯断伸长率均大幅度提高，表现出强烈的界面增容效果。表 2-4 为动态硫化 HIPS/SBS/HVPBR TPV 的力学性能。从表 2-4 中可以看出，SBS 的加入可以显著改善 HIPS/HVPBR TPV 的性能，与 HIPS/HVPBR TPV 的性能相比，当 SBS 含量为 12phr 时，TPV 的扯断伸长率、拉伸强度及撕裂强度分别比未加入时提高了 320％、154％ 及 56％。由于 SBS 具有与 HIPS 和 HVPBR 类似的链段，从而与基体相 HIPS 和分散相 HVPBR 均具有良好的界面相容性，SBS 的加入不仅可促进 SBR 橡胶粒子在树脂相中的分散，还可强化两相的界面作用。值得注意的是，当 SBS 用量超过 12phr 后，TPV 的拉伸强度和撕裂强度均大幅降低，这可能是由于过多 SBS 的存在破坏了 HIPS 的基体连续性。

表 2-4　动态硫化 HIPS/SBS/HVPBR TPV 的力学性能

HIPS/SBS/HVPBR（质量比）	拉伸强度/MPa	扯断伸长率/％	扯断永久变形/％	撕裂强度/(kN/m)	邵氏 A 硬度（HA）
30/0/70	4.1	66.0	7.2	28.5	83
30/1/70	5.4	112.0	11.5	29.9	84
30/3/70	7.3	220.6	20.5	36.6	84
30/6/70	8.1	241.8	22.1	40.0	84
30/9/70	8.7	247.6	23.9	41.4	84
30/12/70	10.4	277.4	23.0	44.6	84
30/15/70	8.7	306.0	32.1	40.0	83

Shuai Li 采用氯化聚乙烯弹性体（CPE）对 EVA/NBR TPV 进行了界面增容；Yixin Zhang 采用 SBS 对 HIPS/BR TPV 进行了界面增容；Libin Wang 采用 ZD-MA 为增强体、过氧化物为交联剂，对 EVA/NBR TPV 进行了界面增容，体系的力学性能均获得了显著改善。

采用动态硫化橡塑共混体系所获得的 TPV 普遍存在硬度偏高、永久变形偏大的缺点，这将不可避免地限制其推广和应用。事实上，在 TPV 中填充大量的软化剂可有效地降低其硬度和永久变形，并提高橡胶质感。Lei 等在 PP/EPDM TPV 中填充软化剂来降低其硬度，并研究了油在基体和分散相中的分散系数。Nakason 的研究发现，在 PP/NR TPV 中填充油可降低 TPV 的硬度和强度。在动态硫化过程中，分散在基体中的软化剂可以降低体系的黏度，并改善后续的加工流动性，而在冷却至室温后基体中的一部分增塑剂则被排挤进入橡胶相中，从而可以降低橡胶相及体系的硬度。

Dongya Wei 为了改善 ABS/NBR TPV 永久变形偏大、硬度偏高及橡胶质感差的缺点，在基体中加入邻苯二甲酸二辛酯（DOP）对其性能进行改善。系列 ABS/NBR/DOP TPV 的应力-应变曲线见图 2-16。从图 2-16 中可见，系列 ABS/NBR/DOP TPV 的应力-应变曲线形状相似，且当 DOP 加入量在 20phr 以下时，拉伸强度和扯断伸长率随着 DOP 加入量的提高而显著增加；所有样品的应力-应变曲线均表现出典型弹性体的软而韧的特征，特别是在 DOP 含量较高的情况下弹性体的特征更为明显。在 10％ 的应变范围内，应力随着应变的增加呈直线增加，之后应力-应变曲线的斜率逐渐降低，最后应力基本上呈线性增加直至最后断裂。

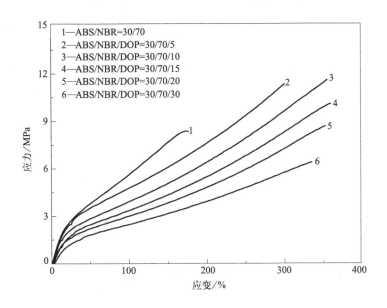

图 2-16　系列 ABS/NBR/DOP TPV 的应力-应变曲线

　　DOP 的用量对 ABS/NBR/DOP TPV 力学性能的影响如表 2-5 所示。从表 2-5 中的数据可以看出，当 DOP 加入量为 10phr 时，产物的拉伸强度和扯断伸长率达到最大值；TPV 的硬度随 DOP 含量的增加而持续下降；扯断永久变形的变化规律与扯断伸长率的变化趋势相似。通常来说，相对较大的扯断伸长率将导致相对较大的扯断永久变形。在 TPV 中填充 DOP 后，TPV 的扯断永久变形随 DOP 加入量的增加而逐渐降低，表明 DOP 的加入可提高 TPV 的弹性，撕裂强度则随 DOP 含量的增大而出现一定的下降。

表 2-5　DOP 的用量对 ABS/NBR/DOP TPV 力学性能的影响

ABS/NBR/DOP（质量比）	拉伸强度/MPa	扯断伸长率/％	扯断永久变形/％	撕裂强度/(kN/m)	邵氏 A 硬度(HA)
30/70/0	8.3	176	10	37.2	78
30/70/5	11.3	300	33	42.8	77
30/70/10	11.6	356	26	41.7	75
30/70/15	10.1	355	25	37.3	73
30/70/20	8.7	352	20	35.2	72
30/70/30	6.4	335	13	25.0	69

程相坤采用 POE 对 HDPE/EPDM TPV 进行改性，使其硬度和永久变形得以显著下降，之后在 HDPE 树脂相中填充烷烃油，制备出了一系列充油 HDPE/POE/EPDM TPV。图 2-17 是系列充油 HDPE/POE/EPDM TPV 的应力-应变曲线。从图 2-17 中可以看出，随着充油量的增加，TPV 的拉伸行为越来越显著地呈现软而韧的弹性体的行为特征，TPV 发生大应变所需要克服的应力则显著降低。随着充油量的增加，TPV 断裂时的应变基本不变，而断裂时的应力出现了明显下降。将烷烃油填充到树脂相中，降低了树脂大分子之间的作用力，链段的运动能力变强，并表现为应力的降低。

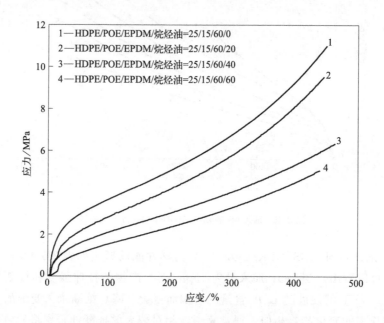

图 2-17　系列充油 HDPE/POE/EPDM TPV 的应力-应变曲线

　　表 2-6 显示了充油 HDPE/POE/EPDM TPV 的力学性能。从表 2-6 中可知，TPV 的拉伸强度、撕裂强度、扯断永久变形、硬度均随体系中烷烃油填充量的增加而降低，但扯断伸长率的变化不大。室温下烷烃油呈液态，将其填充到 TPV 树脂相中之后，降低了大分子之间的作用力，树脂相的强度发生下降，由于 TPV 的力学性能主要由树脂相提供，因此导致 TPV 拉伸强度、撕裂强度和硬度降低。另一方面，烷烃油的加入使得 TPV 拉伸断裂后进行形变回复时的阻力大幅度降低，因而 TPV 的扯断永久变形显著降低。从表 2-6 中还可以看出，当烷烃油填充量为 60phr 时，邵氏 A 硬度为 61，已接近于普通炭黑补强硫化橡胶的水平，这对于拓展 TPV 的应用领域十分有利。

表 2-6 　充油 HDPE/POE/EPDM TPV 的力学性能

HDPE/POE/ EPDM/烷烃油 （质量比）	拉伸强度/MPa	扯断伸长率/%	扯断永久变形/%	撕裂强度 /(kN/m)	邵氏 A 硬 度(HA)
25/15/60/0	11.0	428	50.0	43.5	78
25/15/60/20	8.9	438	48.8	39.7	75
25/15/60/40	6.4	464	43.8	27.0	68
25/15/60/60	5.3	439	33.5	23.5	61

赵洪玲等研究了充油 HIPS/EVA/SBR TPV 的结构与性能，充油后 TPV 的硬度降幅明显，扯断永久变形有所减小；随着充油量的增加，TPV 的应力弛豫速度加快，储能模量明显下降，损耗模量较未充油的 TPV 体系显著提高，损耗因子持续上升。张艺馨等研究了充油 HIPS/EVA/SBS/BR TPV 的结构与性能，随着芳烃油用量的提高，TPV 的硬度、拉伸永久变形、强度均呈显著下降趋势，但扯断伸长率得到较大幅度提高；充油 TPV 断面形貌较为平整，表明其具有较强形变回复能力。王灿灿等研究了低硬度 EVA/POE/充油 SBR TPV 的性能，EVA/SBR（质量比）为 30/70 时，TPV 的综合性能良好。当 EVA/POE/充油 SBR（质量比）为 25/5/70~20/10/70 时，TPV 的扯断伸长率竟超过 1000%，邵氏 A 硬度则在 50 左右。由此可见，提高 TPV 体系的软化剂含量是降低硬度、降低永久变形、提高弹性和橡胶质感的有效手段。

为了提高 TPV 的强度和耐磨性能，可以对 TPV 的橡胶相进行增强。对于传统硫化橡胶，通常可采用炭黑（CB）、白炭黑（SiO_2）、ZDMA、纤维等对其进行增强，并可有效降低成本。其中，CB 是应用最为广泛的增强体，在 TPV 中加入 CB 可以提高 TPV 强度，并提高其刚度、尺寸稳定性和热形变温度。

魏东亚等采用 CB 对 ABS/CM/NBR TPV 进行了增强，系列 CB 增强 ABS/CM/NBR TPV 的应力-应变曲线见图 2-18。从图 2-18 中可见，随着 TPV 体系中增强体 CB 含量的提高，TPV 的拉伸强度和弹性模量得到显著提高，但扯断伸长率却趋于显著降低，所有应力-应变曲线均表现出典型的弹性体特征。

表 2-7 显示了系列 CB 增强 ABS/CM/NBR TPV 的力学性能。从表 2-7 中可见，提高 CB 用量，TPV 的拉伸强度获得显著提高。当 CB 含量为 39phr 时达到最大值，之后趋于降低；撕裂强度与拉伸强度的变化趋势相似；增加 CB 含量，TPV 的扯断伸长率和扯断永久变形逐渐下降，硬度略有提高。将增强体 CB 加入 NBR 相，显著提高了 NBR 相的强度，进而也提高了 TPV 的强度；随着 CB 用量增多，TPV 的扯断伸长率和扯断永久变形逐渐下降，这是因为 CB 在提高 NBR 相强度的同时也降低了 NBR 分子链的柔顺性，橡胶相的弹性下降并导致 TPV 的扯断伸长率降低，较低的扯断伸长率导致较低的扯断永久变形。还可以看出，当 CB 加入量超过 39phr 后，拉伸强度和撕裂强度趋于下降，NBR 分散相中大量 CB 的存在不可

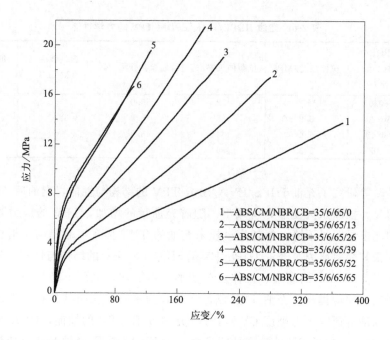

图 2-18 系列 CB 增强 ABS/CM/NBR TPV 的应力-应变曲线

避免地使 TPV 中橡胶相的体积含量增大，导致 TPV 中的基体相体积含量减少。由于 TPV 的强度主要是由基体相来决定的，因而 TPV 的强度降低。另外，在 NBR 中填充大量 CB，CB 难以在橡胶中均匀分散并产生缺陷，也会导致 TPV 力学性能的降低。

表 2-7　系列 CB 增强 ABS/CM/NBR TPV 的力学性能

ABS/CM/NBR/CB（质量比）	拉伸强度/MPa	扯断伸长率/%	扯断永久变形/%	撕裂强度/(kN/m)	邵氏 A 硬度(HA)
35/6/65/0	13.8	373	61	55.1	83
35/6/65/13	17.4	279	45	56.3	84
35/6/65/26	19.1	218	41	57.8	87
35/6/65/39	21.5	194	34	59.3	88
35/6/65/52	19.6	125	29	56.6	89
35/6/65/65	16.7	103	25	55.9	91

　　程相坤采用 CB 对 HDPE/POE/EPDM TPV 进行增强，在 EPDM 橡胶相中加入增强体 CB，制备出了系列 CB 增强 HDPE/POE/EPDM TPV。图 2-19 是系列 CB 增强 HDPE/POE/EPDM TPV 的应力-应变曲线。从图 2-19 中可见，随着 CB 用量的提高，在达到相同应变时增强 TPV 所需应力显著增大；在 CB 填充量不超过 60phr 时，TPV 的扯断伸长率变化不大，但断裂时的拉伸强度明显增大，表现出良好的增强效果。将 CB 填充到 EPDM 中，由于 CB 与 EPDM 之间形成强界面

相互作用，能够显著提高 EPDM 相的强度，此时 EPDM 相对 TPV 的力学强度的贡献大幅度提高，TPV 的强度得以提高。但是，当 CB 填充过量时，CB 在 EPDM 中分散困难易造成缺陷，且橡胶相体积含量变大导致树脂相体积含量相对减少，反而会导致 TPV 强度的下降。

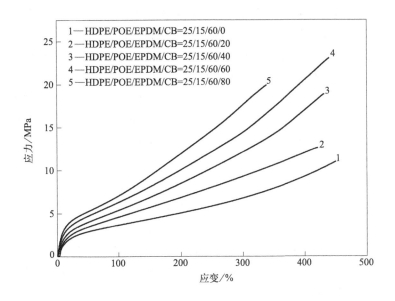

图 2-19 系列 CB 增强 HDPE/POE/EPDM TPV 的应力-应变曲线

表 2-8 显示了系列 CB 增强 HDPE/POE/EPDM TPV 的力学性能。从表 2-8 可见，TPV 的撕裂强度随 EPDM 橡胶相中 CB 填充量的增加而急剧提高；当 CB 填充量不超过 60phr 时，TPV 的拉伸强度显著增高，扯断伸长率和扯断永久变形变化不大。当 CB 填充量达到 80phr 时，TPV 的拉伸强度、扯断伸长率和扯断永久变形都发生一定程度下降，此时增强体 CB 的用量过多，反而起不到良好的增强效果。从表 2-8 中还可以看出，当 CB 填充量为 60phr 时，TPV 的拉伸强度高达 22.9MPa，已与普通塑料的强度相当，表现出 CB 对 HDPE/POE/EPDM TPV 的显著增强效果。

表 2-8 系列 CB 增强 HDPE/POE/EPDM TPV 的力学性能

HDPE/POE/EPDM/CB(质量比)	拉伸强度/MPa	扯断伸长率/%	扯断永久变形/%	撕裂强度/(kN/m)	邵氏 A 硬度(HA)
25/15/60/0	11.0	428	50	43.5	78
25/15/60/20	12.4	398	50	59.3	83
25/15/60/40	18.9	432	60	70.4	86
25/15/60/60	22.9	439	70	71.6	89
25/15/60/80	19.5	300	47	78.3	92

2.3　热塑性硫化胶非等温结晶行为

关于高分子材料结晶动力学的研究，对于改善其加工工艺，获得具有良好品质的结晶高分子制品以及掌握结晶高分子材料的聚集态结构和性能之间的关系是至关重要的。目前大多数结晶高分子材料的加工成型技术，例如常见的模压成型、挤出成型、注塑成型和压延成型等，通常就是在动态的非等温条件下实施的。

高分子材料的结晶行为可分为等温结晶和非等温结晶。等温结晶是指设定一定的结晶温度，并且高分子材料在该温度下完成结晶的过程；高分子材料的非等温结晶则是按一定的降温速率完成结晶的过程。对于高分子材料结晶行为的研究，目前文献报道的以等温结晶为主，对非等温结晶的报道相对较少，但是非等温结晶，无论在理论还是应用方面，都具有重要的意义和价值。

差示扫描量热仪（DSC）是测量高分子材料结晶行为的常用仪器，它可量化不同的结晶过程中的结晶温度和结晶热熔，从而进一步得到高分子材料的绝对结晶度和相对结晶度，对高分子材料实际的加工工艺以及使用温度有着重要的指导作用。目前绝大多数 TPV 具有典型的"海-岛"微观结构且橡胶相含量相对较高，这就使得其相比于单一的结晶高分子材料而言，具有更为复杂的结晶过程。对 TPV 非结晶行为的研究，将有助于加深对结晶类材料的深层次认识。非等温结晶过程较为复杂，目前文献报道的数据处理方法多种多样，如 Jeziorny 法、莫志深法等，这些方法可适用于不同的高分子结晶体系。

在非等温结晶的研究中，测试操作、实验条件设计及数据的处理对结晶高分子材料及以结晶性塑料为基体的 TPV 的结晶动力学的影响至关重要。结晶高分子材料不仅可以在熔体冷却时发生结晶，还可在加热时发生结晶。前者通常被称为"熔融结晶"，而后者则被称为"冷结晶"。

通过动态硫化法制备了乙烯-丙烯酸甲酯共聚物（EMA）/NBR TPV。其中，EMA 具有结晶性，NBR 相在很大程度上影响了体系中 EMA 的非等温结晶行为。对纯 EMA 树脂和 EMA/CR TPV（质量比＝50/50）的非等温结晶动力学进行了系统研究，以此加深对半结晶高分子材料和 TPV 结构及性能的理解。

2.3.1　降温速率对 EMA/NBR TPV 及 EMA 非等温结晶温度的影响

图 2-20 是 EMA 和 EMA/NBR TPV 非等温结晶的 DSC 曲线。表 2-9 显示了不同降温速率下 EMA 和 EMA/NBR TPV 的初始结晶温度 T_0、结晶峰温度 T_p 和完成整个结晶过程的时间 t_{max} 数据。从图 2-20 可以看出，在不同冷却速率下，纯 EMA 及 EMA/NBR TPV 的放热结晶峰均为单峰。

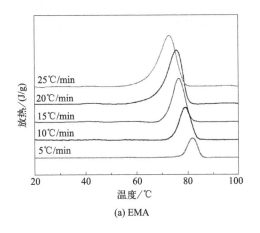

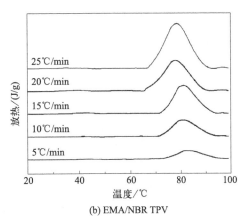

(a) EMA　　　　　　　　　　　(b) EMA/NBR TPV

图 2-20　EMA 和 EMA/NBR TPV 非等温结晶的 DSC 曲线

表 2-9　不同降温速率下 EMA 和 EMA/NBR TPV 的 T_0、T_P 和 t_{max} 数据

降温速率/(℃/min)	T_0/℃	T_P/℃	t_{max}/min
EMA			
5	85.20	81.76	4.00
10	83.09	79.13	2.60
15	81.04	76.44	1.87
20	79.93	75.61	1.60
25	77.94	72.81	1.56
EMA/NBR TPV			
5	94.04	82.62	5.60
10	92.14	81.19	3.10
15	91.34	81.30	2.15
20	89.21	78.58	1.75
25	88.70	78.09	1.28

　　在 EMA 和 EMA/NBR TPV 非等温结晶过程中，T_0、T_P 及 t_{max} 均随降温速率的增加而下降，这主要是由高分子链段运动的松弛特性所决定的。高分子链段从无规线团变为规整晶格需要消耗一定的时间对其自身构象进行必要的调整，高分子链段的运动能力与温度有关，温度越高，运动能力越强，链段的构象调整便越迅速。在非等温结晶过程中，降温速率越小，EMA 大分子链段的运动能力减弱程度越小，规整排列越快，晶核生成和晶体成长越快，且在高温区间停留时间越长，越容易生成完整的晶体。但是，一方面，EMA 与 NBR 共混型的 TPV 的两相结构具有"海-岛"特征，且二者具有良好的界面结合力，其中的 NBR 分散相具有一定的成核剂的作用，这就直接导致 TPV 的 T_0、T_P、t_{max} 相较于纯 EMA 树脂有所提高。另一方面，在 TPV 体系中，NBR 分散相的存在会影响 EMA 链段的运动，阻碍晶体的生长。

结晶高分子材料在某一温度下的相对结晶度可以由结晶起始温度到某一结晶温度 T 之间形成的结晶曲线的面积与整个结晶过程的面积比求出，相对结晶度 X 和 T 的关系如式(2-1) 所示。

$$X = \frac{\int_{T_0}^{T} \dfrac{\mathrm{d}H_c}{\mathrm{d}T}}{\int_{T_0}^{T_{max}} \dfrac{\mathrm{d}H_c}{\mathrm{d}T}} \tag{2-1}$$

式中　X——相对结晶度，%；

　　$\mathrm{d}H_c$——材料的冷结晶焓，J/g；

　　T_0——初始结晶温度，℃；

　　T——某一时刻 t 对应的结晶温度，℃；

　　T_{max}——终止结晶温度，℃。

结合图 2-20，根据式(2-1) 计算结果，获得 EMA 及 EMA/NBR TPV 的相对结晶度和温度的关系曲线，见图 2-21。从图 2-21 中可以看出，所有的曲线均呈反 S 形，初始结晶温度和同一相对结晶度所对应的温度都随降温速率的增大而减小，这是由晶体形成的迟滞效应造成的。晶核形成和晶体的成长需要一定时间积累。当降温速率较大时，晶核形成及后来晶体的成长均发生在较低温度。

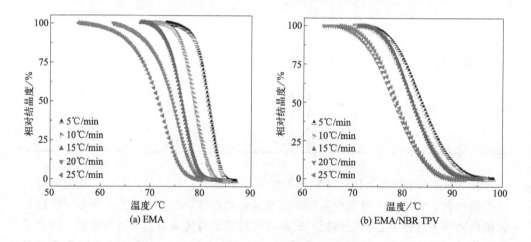

图 2-21　EMA 及 EMA/NBR TPV 的相对结晶度和温度的关系曲线

在非等温结晶过程中，结晶时间 t 和结晶温度 T 可以根据下式进行转换：

$$t = \frac{T_0 - T}{\varphi} \tag{2-2}$$

式中　t——结晶温度 T 所对应的结晶时间，min；

　　T——某一时刻 t 对应的结晶温度，℃；

T_0——初始结晶温度,℃;

φ——降温速率,℃/min。

结合式(2-1)及式(2-2),可得EMA及EMA/NBR TPV的相对结晶度和结晶时间的关系曲线,如图2-22所示。从图2-22中可见,随着时间的延长,相对结晶度呈明显增加趋势,且降温速度越快,所需结晶时间越短。与EMA相比,EMA/NBR TPV达到最大结晶度的时间较长。

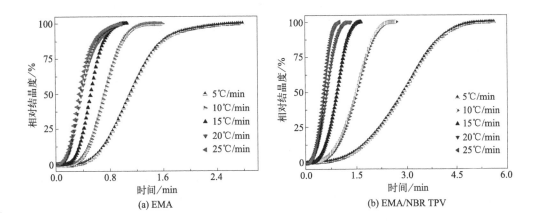

图 2-22 EMA 及 EMA/NBR TPV 的相对结晶度和结晶时间的关系曲线

2.3.2 用修正 Avrami 方程 Jeziorny 法分析非等温结晶过程

对 Avrami 方程两边取对数可以得到:

$$\ln[-\ln(1-X_t)]=n\ln t+\ln Z_t \tag{2-3}$$

式中 n——Avrami 指数;

X_t——相对结晶度,%;

t——结晶时间, min;

Z_t——结晶速率常数。

考虑到 Avrami 只适合分析等温结晶过程,Jeziorny 等用降温速率对 Z_t 做了修正:

$$\ln Z_c=\frac{\ln Z_t}{\varphi} \tag{2-4}$$

式中 φ——降温速率,℃/min;

Z_c——修正后的结晶速率常数。

Z_c 值越大代表结晶速率越大。Jeziorny 法由于处理方法简单而被广泛应用。根据式(2-3),以 $\ln[-\ln(1-X_t)]$ 对 $\ln t$ 作图,图 2-23 是 EMA 和 EMA/NBR TPV 的 $\ln[-\ln(1-X_t)]$ 与 $\ln t$ 的关系曲线。

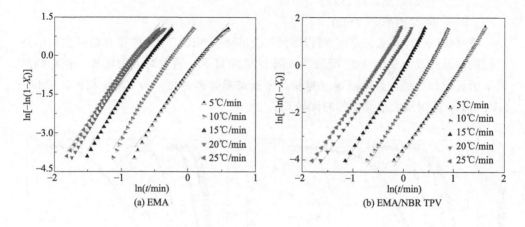

图 2-23　EMA 和 EMA/NBR TPV 的 $\ln[-\ln(1-X_t)]$ 与 $\ln t$ 的关系曲线

表 2-10 显示了 EMA 和 EMA/NBR TPV 非等温结晶过程中的 n、Z_t 和 Z_c 值。从表 2-10 可知，EMA 的 n 值均接近于 4，表明 EMA 在非等温条件下的结晶是均相成核、晶粒三维增长的过程，Z_c 值随降温速率增大而增大，表明结晶速率随降温速率增大而增大，直至降温速率大于 15℃/min 后，Z_c 趋于稳定。从表 2-10 还可以看出，TPV 的 n 值在 3.12～3.54 之间，表明 TPV 在非等温条件下的结晶是异相成核、晶粒三维增长的过程，Z_c 值随着降温速率增加而增加，但与 EMA 相比，其 Z_c 值相对较小。

表 2-10　EMA 和 EMA/NBR TPV 非等温结晶过程中的 n、Z_t 和 Z_c 值

降温速率/(℃/min)	n	Z_t	Z_c
EMA			
5	3.47	0.45	0.85
10	4.01	2.36	1.09
15	3.89	8.41	1.15
20	3.59	12.42	1.14
25	3.61	16.61	1.13
EMA/NBR TPV			
5	3.18	0.03	0.39
10	3.49	0.18	0.84
15	3.54	0.94	1.00
20	3.12	2.59	1.05
25	3.19	5.00	1.07

2.3.3　莫志深法分析非等温结晶过程

莫志深指出，可将 Avrami 方程和 Ozawa 方程相结合来分析非等温结晶过程，

方程式如下：

$$\ln\varphi = \ln f(T) - \alpha \ln t \tag{2-5}$$

式中　φ——降温速率，℃/min；

　　$f(T)$——动力学参数；

　　α——Avrami 指数 n 与 Ozawa 指数 m 的比值；

　　t——结晶时间，min。

$f(T)$ 是非等温结晶过程中的重要参数，$f(T)$ 越大，高分子材料的结晶速率越低。可由上式计算出单位时间内高分子要达到某一结晶度所必需的冷却速率值。采用莫志深法对 DSC 数据进行拟合，可得斜率为 $-\alpha$、截距为 $\ln[f(T)]$ 的 $\ln\varphi$ 与 $\ln t$ 线性关系图，见图 2-24。

从图 2-24 可以看出，$\ln\varphi$ 和 $\ln t$ 具有较好的线性关系，这说明莫志深法可以应用于 EMA 和 EMA/NBR TPV 非等温结晶行为的分析。EMA 和 EMA/NBR TPV 在不同的相对结晶度下的 $f(T)$ 和 α 的值见表 2-11。从表 2-11 数据可知，α 无太大的变化，而 $f(T)$ 随着 X 的增大而逐渐增大。

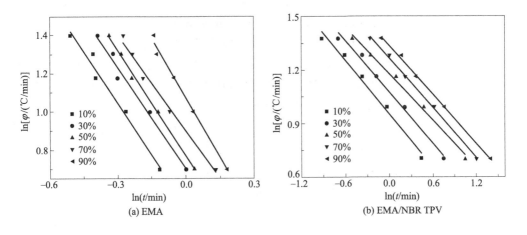

图 2-24　EMA 和 TPV 的 $\ln\varphi$ 与 $\ln t$ 的关系曲线

表 2-11　EMA 和 EMA/NBR TPV 在不同的相对结晶度下的 $f(T)$ 和 α 的值

$X/\%$	α	$f(T)$
EMA		
10	1.79	1.66
30	1.76	2.02
50	1.84	2.17
70	1.68	2.46
90	2.08	2.93

X/%	α	f(T)
EMA/NBR TPV		
10	0.52	2.61
30	0.50	2.97
50	0.45	3.30
70	0.48	3.62
90	0.47	3.89

通过 DSC 对 EMA 及 EMA/NBR TPV 非等温结晶行为进行研究后发现：降温速率越大，EMA、EMA/NBR TPV 的初始结晶温度 T_0 和结晶峰值温度 T_p 越低，结晶时间 t_{max} 越短；TPV 中的 NBR 的存在会提高初始结晶温度，但降低了结晶速率。通过 Jeziorny 法、莫志深法对 EMA 及 EMA/NBR TPV 的非等温结晶机理进行分析，较高的降温速率有利于 EMA 在单位时间内获得较高的相对结晶度。EMA/NBR TPV 的 $f(T)$ 较 EMA 的大，说明 TPV 体系的结晶速率相对较低。

然而，事实上由于可以制备 TPV 的橡塑共混体系众多，对于结晶性的树脂基体，其结晶度和极性也存在明显差异，基体和橡胶相的界面作用也不同。因此，对 TPV 的非等温结晶行为的研究，与结晶性的树脂基体的相比，其结果往往是复杂的，未必存在类似的规律，需测试后才能得到具体规律。对 HDPE/SBR TPV 非等温结晶行为的研究表明，在相同冷却速率下，HDPE/SBR TPV 的 Z_c 值高于纯 HDPE 的 Z_c 值，表明 TPV 中 SBR 相促进了 HDPE 相的结晶；对于 HDPE 和 HDPE/SBR TPV 的非等温结晶过程而言，HDPE 的结晶速率低于 HDPE/SBR TPV 的结晶速率，SBR 分散相对 HDPE 相结晶过程的促进作用大于对其结晶过程的抑制作用，这与有些文献的结论是相似的。

第 3 章

热塑性硫化胶黏弹行为

3.1 热塑性硫化胶流变行为

　　TPV 的突出性能特点是同时兼具高弹性和高流动性，其区别于传统硫化橡胶的优势在于它可以像热塑性塑料一样进行成型加工。目前所报道的 TPV，除了少数体系是双连续相结构的，其余绝大部分具有"海-岛"相结构，交联的橡胶粒子均匀地分散在热塑性树脂基体中，这就决定了它可以具有高分子材料填充体系的熔体流动行为并且可在较宽的条件下，采用传统的塑料加工设备和加工工艺进行成型加工。

　　对 TPV 流变行为的研究对于其成型加工具有重要指导意义，但目前在这方面的文献报道并不是很多。Goettler 等对 PP/EPDM 动态硫化体系流变行为的研究表明，动态硫化体系的组成与形态严重影响了熔体的流变行为。在较低的剪切速率下，交联 EPDM 橡胶相对熔体的黏度具有重要影响。但是，在较高的剪切速率下，热塑性 PP 树脂相却对体系的流变行为影响较大。Chang Sik Ha 将 EPDM、PP、过氧化二异丙苯（DCP）在不同剪切条件下进行动态硫化，提高 DCP 含量，动态硫化体系的熔体黏度明显增加，但提高剪切速率时体系的黏度则下降。Zuning Li 研究了在过氧化物作用下乙烯-α-烯烃共聚物、PP 动态硫化产物的流变行为的演变，并探讨了动态硫化过程中基体相和分散相的变化与流变行为的关系。

　　TPV 表现出显著的非牛顿流体特性，在较宽的范围内其黏度与剪切速率服从幂律关系，在注塑成型、挤出成型、模压成型、吹塑成型、压延成型等成型方法中均有良好的成型加工性能。通常来说，在较低的剪切速率下，TPV 的熔体具有较高的熔融黏度，这就为挤出成型和吹塑成型提供了必要的熔体强度，并确保了制品的尺寸稳定性。对于注塑成型的制品而言，在成型过程中高的剪切速率下，TPV 的熔体黏度较低，这就使得注模的过程可迅速完成，且在模腔充填满熔体后，由于剪切速率的降低而使体系黏度大幅度增加，冷却后制品易于从模具中取出。

毛细管流变仪通过控制柱塞的下降速度，控制熔体的剪切速率，测量挤出熔体所需压力并计算获得剪切应力、剪切黏度、非牛顿影响因子等物理量。通过改变剪切速率，可以在一个很宽的剪切速率范围内研究高分子材料熔体的流变行为。以HIPS 树脂、系列 HIPS/SBR TPV 为例，对其流变行为进行了研究。

图 3-1 显示了纯 HIPS 在不同温度下表观黏度与剪切速率的关系。从图 3-1 中可见，一方面，表观黏度随剪切速率的增加而呈现明显的降低，且随温度的升高而降低，表现出典型的假塑性流体行为。当剪切速率增大时，链段及大分子链在熔体流动场中易于发生取向，这就导致流层间的拖曳力也就是流体阻力随之降低，表现为剪切黏度的下降。另一方面，随着温度的升高，熔体的自由体积增加，链段的运动能力增强，分子间的作用力减弱。这些因素使得流体阻力减小，高分子熔体的流动性增加，并表现为表观黏度随着温度的升高而明显降低。

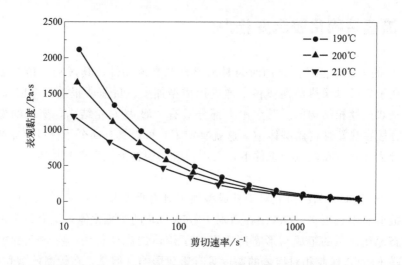

图 3-1　纯 HIPS 在不同温度下表观黏度与剪切速率的关系

图 3-2 显示了纯 HIPS 在不同温度下非牛顿影响因子与剪切速率的关系。从图 3-2 中可以看出，HIPS 熔体的非牛顿影响因子的值均小于 1，表明不同温度下的流体均为假塑性流体。从图 3-2 还可以看出，随着剪切速率的增大，非牛顿影响因子明显减小，假塑性行为增强。但是，随着温度的升高，非牛顿影响因子的值有所增加，假塑性行为变弱。在剪切力的作用下，熔体中缠结的高分子链发生解缠绕，并沿流动方向取向，熔体的黏度下降，表现出假塑性行为。但提高熔体温度后，单键内旋转阻力减小，构象增多，大分子链之间的物理缠绕点增多，假塑性行为有所弱化。

通常来说，影响 TPV 流动行为的主要因素包括树脂相的性质、橡胶粒子的粒径尺寸及形态、橡胶粒子与树脂基体的界面作用。分散相橡胶粒子的粒径越小越

热塑性
硫化胶及功能化

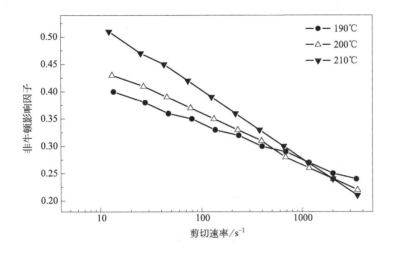

图 3-2　纯 HIPS 在不同温度下非牛顿影响因子与剪切速率的关系

好，粒径增大时，体系的黏度增大；在粒径相同的条件下，界面的作用越强，熔体的流动性则越差。

　　图 3-3 是 HIPS/SBR 动态硫化产物的表观黏度与剪切速率的关系曲线。从图 3-3 中可以看出，随着剪切速率的提高，图 3-3 中所有样品的表观黏度均呈现显著下降趋势，表现出明显的假塑性行为。对比图 3-3 中的曲线可以看出，对于系列 HIPS/SBR 动态硫化产物，在较低的剪切速率下，其表观黏度要远远大于纯 HIPS，这是因为动态硫化体系类似于高分子材料填充体系，表现为使动态硫化产物的表观黏度增大。

　　从图 3-3 中还可以看出，对于 HIPS/SBR 动态硫化产物而言，提高 SBR 含量，表观黏度呈现出大幅度增加。但是，随着剪切速率的增加，所有体系的表观黏度均急剧下降，并在剪切速率超过 500s^{-1} 时流变行为趋于一致，表现出相近的表观黏度。通常情况下，高分子共混体系的多相结构及界面作用共同决定了其流变特性，在 HIPS/SBR 的动态硫化产物中，基体 HIPS 中大量分布的硫化 SBR 粒子，在动态硫化产物熔体中起到了类似填料粒子的作用，并且和基体之间形成较强界面相互作用，这就阻碍了熔体的正常流动，并表现为在低剪切速率下体系具有较高的表观黏度。但是，在较高的剪切速率下，基体树脂熔体的大分子发生了高度取向，流体阻力下降，并且橡胶粒子与基体的界面作用也发生了一定程度破坏，这就使得动态硫化产物熔体的表观黏度产生了大幅度的下降。简而言之，在低剪切速率下，交联的橡胶相对熔体的黏度具有重要影响；但是在高的剪切速率下，热塑性树脂相却对体系的流动行为影响较大。在常见的挤出成型和注塑成型过程中，剪切速率均较高，此时 HIPS/SBR 动态硫化产物具有与纯 HIPS 类似的良好的流动性能，这对于动态硫化产物的成型加工是非常有利的。

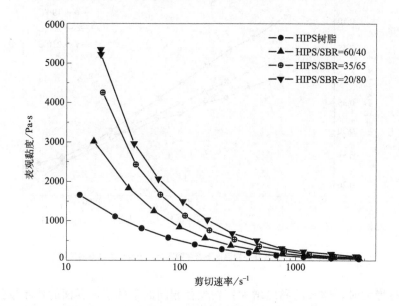

图 3-3 HIPS/SBR 动态硫化产物的表观黏度与剪切速率的关系曲线

在毛细管流变仪的毛细管出口区，黏弹性的高分子流体会表现出特殊的流动行为，主要表现为挤出胀大效应。挤出胀大效应又称巴拉斯效应（Barus effect），是指高分子熔体从小孔、毛细管或狭缝中挤出时，挤出物的直径或厚度会明显地大于口模尺寸的现象。它是黏弹性流体典型的非线性弹性流动现象，通常定义胀大比 $B=d_j/D$。式中，d_j 为挤出物完全松弛时的直径，D 为口模直径。

高分子熔体的挤出胀大效应是熔体弹性的一种表现。当高分子熔体进入模孔时，由于流线收缩，在流动方向上产生纵向的速度梯度，即流动含有拉伸流动成分，熔体大分子沿流动方向受到拉伸，发生了可逆的弹性变形。由于高分子熔体在模孔中停留时间较短，来不及完全松弛，出口模后会继续发生回缩。另一方面，熔体在模孔内流动时，由于剪切应力和法向应力的作用，也要发生弹性变形。当熔体离开口模后，也要发生一定程度的回复。当模孔的长径比 L/R 很小时，前一种效应是主要的，即挤出胀大主要由拉伸流动而引起。但是，随着 L/R 增大，B 减小，至 $L/R>16$ 时，由拉伸流动引起的变形在模孔内已得到充分松弛回复，因而此时挤出胀大则主要由剪切流变引起。

表 3-1 是不同剪切速率下系列 HIPS/SBR 动态硫化产物及纯 HIPS 的挤出胀大比数据。表 3-1 测试所用毛细管流变仪的 $L/R=16$，从挤出胀大比数据可知，在较低的剪切速率下，HIPS/SBR 动态硫化产物要比纯 HIPS 的挤出胀大比大。此时纯 HIPS 熔体中大分子的取向程度相对比较小，离开模孔后发生回缩，挤出胀大比相

热塑性
硫化胶及功能化

对较小。但随着剪切速率的增大，纯 HIPS 挤出胀大比明显增大，此时由于大分子链发生了高度取向，当外力消失以后，HIPS 的大分子链发生可逆的高弹形变回复，大分子链发生蜷曲，导致挤出胀大比增大。在同样较低的剪切速率下，HIPS/SBR 动态硫化产物的挤出胀大比数据却高于纯 HIPS 的。这是因为对于橡胶含量较高的 TPV 来说，在较低的剪切速率下，其表观黏度远远高于纯 HIPS。当熔体离开口模时，由于体系中高的橡胶含量使得体系发生一定膨胀，导致其挤出胀大比数据高于纯 HIPS 的挤出胀大比数据。

对于 HIPS/SBR 质量比分别为 35/65 和 40/60 的动态硫化产物，体系中橡胶相含量较高，按其力学性能已经可归属为 TPV 材料。从表 3-1 中可知，随着剪切速率的增大，其挤出膨胀较小，即挤出胀大比的增幅较小。在剪切速率较高的情况下，HIPS/SBR 动态硫化产物与纯 HIPS 树脂的表观黏度-剪切速率的关系曲线很相似。当熔体在毛细管中被熔融挤出时，TPV 在毛细管中的流动速度很快，此时体系的黏度较低。但当 TPV 熔体从毛细管中流出后，不再受剪切力作用，此时黏度趋于急剧增加，取向的基体 HIPS 大分子难以发生可逆回复，但此时纯 HIPS 熔体中高度取向的大分子因为容易发生可逆回复而导致挤出胀大比较大。就其结果而言，TPV 的挤出胀大比反而低于纯 HIPS 树脂，这对于成型加工也是有利的。另外，HIPS/SBR＝60/40 的体系，按照其力学行为而言，已经不属于 TPV 材料，仅仅可以看作一种增韧塑料，其挤出胀大比介于 HIPS/SBR TPV 及纯 HIPS 之间。

表 3-1 不同剪切速率下系列 HIPS/SBR 动态硫化产物及纯 HIPS 的挤出胀大比数据

挤出胀大比 材料(质量比)	剪切速率/s^{-1} 250	1000	2000
HIPS/SBR＝35/65	1.24	1.32	1.38
HIPS/SBR＝40/60	1.28	1.35	1.44
HIPS/SBR＝60/40	1.18	1.25	1.34
纯 HIPS	1.16	1.58	2.45

肉眼观察毛细管流变仪测试后样品表面可发现，纯 HIPS 熔体挤出物的表面较为光滑，但 HIPS/SBR TPV 熔体挤出物的表面粗糙不平，且随剪切速率增大，其粗糙程度不断增加。

为了改善 HIPS/SBR TPV 挤出物的表观质量，在基体中加入适量的 EVA 树脂。图 3-4 是 HIPS/EVA/SBR TPV 体系表观黏度与剪切速率的关系曲线。从图 3-4 中可以看出，随着剪切速率的增加，所有体系的表观黏度均发生显著下降，表现出明显的假塑性行为。但是，改变体系中的 EVA 含量，其表观黏度却几乎没有发生变化，表明 EVA 对熔体黏度的影响很小，TPV 体系的表观黏度主要还是由基体 HIPS 和分散相 SBR 所决定的。尽管如此，EVA 的存在，可以显著改善动态硫化过程的可操作性，并可显著提高产物表面的光洁度。

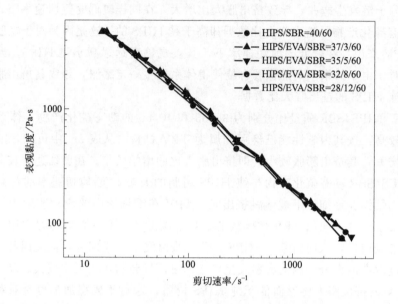

图 3-4 HIPS/EVA/SBR TPV 体系表观黏度与剪切速率的关系曲线

表 3-2 显示了不同剪切速率下的 HIPS/EVA/SBR TPV 及纯 HIPS 的挤出胀大比数据。从表 3-2 中可知，在较低的剪切速率下，HIPS/EVA/SBR TPV 的挤出胀大比明显高于纯 HIPS。但是，随着剪切速率的提高，纯 HIPS 的挤出胀大比明显增大且高于 HIPS/EVA/SBR TPV，这与表 3-1 中出现的现象和原因是一致的。EVA 含量的变化对 HIPS/EVA/SBR TPV 熔体的挤出胀大比的影响并不显著。

表 3-2 不同剪切速率下的 HIPS/EVA/SBR TPV 及纯 HIPS 的挤出胀大比数据

挤出胀大比 剪切速率/s^{-1} 材料（质量比）	250	1000	2000
HIPS/EVA/SBR＝37/3/60	1.36	1.40	1.39
HIPS/EVA/SBR＝35/5/60	1.30	1.39	1.38
HIPS/EVA/SBR＝32/8/60	1.23	1.33	1.38
HIPS/EVA/SBR＝28/12/60	1.39	1.39	1.41
纯 HIPS	1.16	1.58	2.45

通常动态硫化制备的 TPV 存在硬度偏高的缺点。为了降低 TPV 的硬度，一方面可以适当提高橡胶相的含量，另一方面可以在 TPV 体系中充填软化剂或采用

充油橡胶作为原料。图 3-5 是充填芳烃油的 HIPS/EVA/SBR TPV 的表观黏度与剪切速率的关系曲线，在制备过程中将软化剂芳烃油分散到 HIPS 树脂基体中时，该系列样品具有低的硬度和良好的表观质量。从图 3-5 中的曲线对比可以看出，随着剪切速率的提高，所有样品的表观黏度均发生显著降低，熔体存在剪切变稀现象，表现出明显的假塑性行为。基体树脂中软化剂芳烃油的存在，对 HIPS 基体起到了增塑作用，降低了 HIPS 大分子间的作用力。但充填芳烃油的 TPV，其表观黏度与未充填芳烃油的 TPV 相比，发生一定程度的下降。在较高的剪切速率下，所有样品的表观黏度趋于一致，这表明在高剪切速率下，树脂相仍然是影响表观黏度的最主要因素。

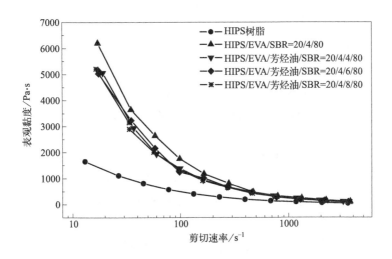

图 3-5　充填芳烃油的 HIPS/EVA/SBR TPV 的表观黏度与剪切速率的关系曲线

3.2　热塑性硫化胶的 Payne 效应

绝大多数 TPV 在微观相态上表现为橡胶为分散相、树脂为连续相的多相体系。由于橡胶相已被交联，因而较普通橡塑共混体系，TPV 在力学性能及加工稳定性等方面有了显著改善。

填充橡胶的动态储能模量随应变的增加而急剧下降的现象称为 Payne 效应。Payne 效应表征的是填充橡胶的储能模量对所施加应力振幅的依赖性。Payne 效应是所有填充弹性体中普遍存在的现象，在过去的数十年间，有关 Payne 效应的文献报道很多，但多集中于炭黑、白炭黑填充的橡胶体系以及填充 TPE。对于 TPV 而言，其 Payne 效应的研究和报道则很少。以 HIPS/SBR TPV 以及 HIPS/SBS/SBR TPV 为例，对其 Payne 效应进行测试，采用经典的表征 Payne 效应的 Kraus 模型对 TPV 的应变扫描过程中储能模量以及损耗模量的测试数据进行了拟合。

3.2.1 表征 Payne 效应的 Kraus 模型

目前经典的描述填充橡胶 Payne 效应的理论模型是 Kraus 模型。这一模型的基本思想是在周期性的应变过程中，填充橡胶体系中存在着弱的物理交联作用的破坏与重建。这一模型可用下式表示储能模量和损耗模量：

$$G'(\Delta\varepsilon)=G'_\infty+\frac{G'_0-G'_\infty}{1+(\Delta\varepsilon/\Delta\varepsilon_c)^{2m}} \tag{3-1}$$

$$G''(\Delta\varepsilon)=G''_\infty+\frac{2(G''_m-G''_\infty)(\Delta\varepsilon/\Delta\varepsilon_c)^m}{1+(\Delta\varepsilon/\Delta\varepsilon_c)^{2m}} \tag{3-2}$$

式中　$\Delta\varepsilon$——应变振幅，%；

　　　$\Delta\varepsilon_c$——应变振幅的特征值，%；

　　　G''_m——在应变振幅的特征值时损耗模量达到的最大值，kPa；

G'_∞，G''_∞——分别是大应变下 Payne 效应终止时的储能模量和损耗模量，kPa；

　　　G'_0——小应变下储能模量的初始值，kPa；

　　　m——经验公式中的物理参数。

通常来说，式(3-1) 和式(3-2) 中的 m 值在 0.5 左右且与频率、温度以及填充体系中的炭黑含量都无关，一般认为 m 值由填料自身的性质所决定。

3.2.2 系列 HIPS/SBR TPV 的 Payne 效应

图 3-6 为 HIPS/SBR TPV 及 SBR 静态硫化胶的动态黏弹行为曲线。从图 3-6 中可以看出，在应变扫描区域内，SBR 静态硫化胶不存在 Payne 效应，其 G' 基本

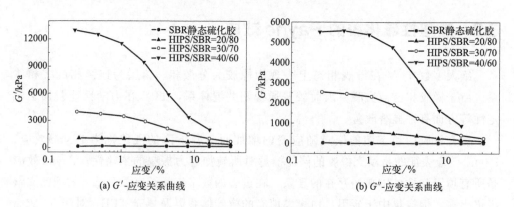

图 3-6　HIPS/SBR TPV 及 SBR 静态硫化胶的动态黏弹行为曲线（应变扫描，80℃）

没有发生变化。在相同的应变下，随着 HIPS 含量的增加，HIPS/SBR TPV 的 G' 及 G'' 趋于明显升高；随着应变的增大，HIPS/SBR TPV 呈现出明显的 Payne 效应，其 G' 在应变为 10% 左右即发生急剧下降。该研究中未对 SBR 硫化橡胶进行粒子填充增强。因而对于 TPV 而言，Payne 效应的出现无法用传统填充橡胶的填料粒子网络结构的形成和破坏机制予以解释，那么 TPV 中 Payne 效应的产生则必然与基体 HIPS 和分散相 SBR 两相之间界面作用的破坏有关。在 HIPS/SBR TPV 的 Payne 效应现象的研究中也证实了这一点。

　　根据 Kraus 模型公式，对图 3-6 中 HIPS/SBR TPV 的应变扫描的数据进行了拟合。图 3-7 显示了 HIPS/SBR TPV 及 SBR 静态硫化胶的动态黏弹行为的拟合曲

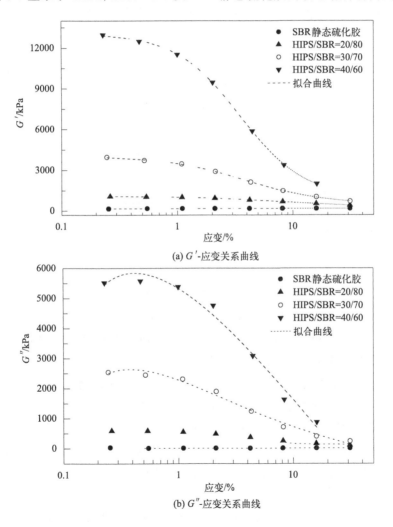

(a) G'-应变关系曲线

(b) G''-应变关系曲线

图 3-7　HIPS/SBR TPV 及 SBR 静态硫化胶的动态黏弹行为的拟合曲线（应变扫描，80℃）

线。图 3-7 中的图符是实测数据，而虚线则为拟合获得的曲线。从图 3-7 中可以看出，利用 Kraus 模型公式对 HIPS/SBR TPV 的 G'-应变的拟合非常理想；但只能对部分 G''-应变进行拟合，这可能与测试中损耗模量未出现明显的峰值有关，而峰值是否出现与基体树脂相的聚集态结构和测试温度有关。根据式（3-1）及式（3-2）拟合得到的参数见表 3-3。

表 3-3 显示了根据 Kraus 模型对 HIPS/SBR TPV 及 SBR 硫化胶动态黏弹行为拟合所得的参数。从表 3-3 中的数据可以看出，随着 TPV 中树脂相含量的提高，按照式（3-2）拟合所得的 m 值呈增加趋势，但均低于 SBR 静态硫化胶的 m 值；按照式（3-1）拟合所得的 m 值则没有显著的变化规律。由于在实测中损耗模量未出现峰值，采用式（3-2）拟合出的 $\Delta\varepsilon_c$ 与采用式（3-1）拟合出的 $\Delta\varepsilon_c$ 差异很大。

表 3-3 根据 Kraus 模型对 HIPS/SBR TPV 及 SBR 硫化胶动态黏弹行为拟合所得的参数（80℃）

材料（质量比）	G_0'/kPa	G_∞'/kPa	$\Delta\varepsilon_c$[①]/%	m[①]	G_m''/kPa	G_∞''/kPa	$\Delta\varepsilon_c$[②]/%	m[②]
SBR 静态硫化胶	173.8	163.8	23.9	1.04	30.3	12.9	0.50	1.44
HIPS/SBR=20/80	1096.8	245.9	7.9	0.52	176.5	462.7	8.13	0.09
HIPS/SBR=30/70	4055.9	460.9	3.8	0.62	2577.8	182.9	3.80	0.82
HIPS/SBR=40/60	13095.5	942.6	3.4	0.74	5576.8	548.1	4.50	1.04

① 根据式（3-1）拟合而得。

② 根据式（3-2）拟合而得。

图 3-8 为 100℃下 HIPS/SBR TPV 及 SBR 静态硫化胶的动态黏弹行为。从图 3-8 中可以看出，在相同应变下，随着 HIPS 含量的增加，G' 及 G'' 均上升；随着扫描应变的增加，SBR 静态硫化胶没有表现出明显的 Payne 效应；但在 HIPS/SBR TPV 中可以观察到明显的 Payne 效应。与图 3-6 中的 G'、G'' 相比，图 3-8 中 HIPS/SBR TPV 的 G'、G'' 降为了原来的十几分之一，且储能模量在更大的应变处才发生急剧下降。这是由于较 80℃的测试温度而言，在 100℃的测试条件下，TPV 中的基体 HIPS 的聚集态结构已从玻璃态转变为高弹态，并由此导致 TPV 黏弹行为的急剧变化。另一方面，在较高温度条件下，链段的运动能力得以加强，界面处的链段扩散和渗透加强，TPV 中两相界面作用力有所提高，并由此导致只有在较大应变时，界面作用才得以破坏并表现出 Payne 效应。

根据 Kraus 模型公式，对 TPV 黏弹行为进行数据拟合，图 3-9 显示了在 100℃下 HIPS/SBR TPV 及 SBR 静态硫化胶应变扫描的动态黏弹行为的拟合曲线。从图 3-9 中可知，利用 Kraus 模型的式（3-1）对 HIPS/SBR TPV 的储能模量拟合

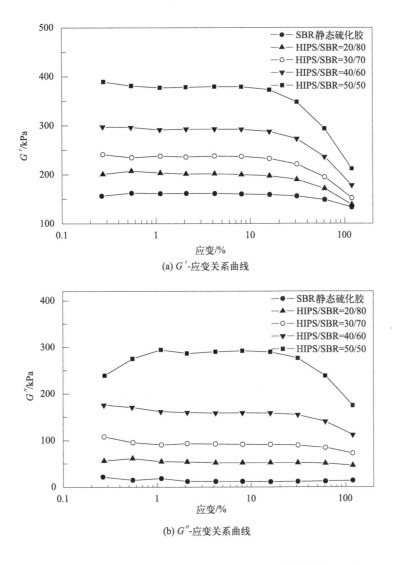

(a) G'-应变关系曲线

(b) G''-应变关系曲线

图 3-8 HIPS/SBR TPV 及 SBR 静态硫化胶的动态黏弹行为（应变扫描， 100℃）

总体而言比较理想，G' 与应变的关系可以用 Kraus 模型进行描述，但式(3-2) 仅能对损耗模量的部分区域进行拟合，不能很好地描述 G'' 与应变的关系。采用式(3-1)及式(3-2) 对图 3-8 进行拟合，表 3-4 显示了根据 Kraus 模型对 HIPS/SBR TPV 及 SBR 硫化胶动态黏弹行为拟合所得的参数。从表 3-3 与表 3-4 中可以观察到：一方面，随着 TPV 中 HIPS 含量的增加，TPV 的 G_0' 与 G_∞' 逐渐增加；另一方面，提高测试温度时，G_0' 与 G_∞' 显著降低。

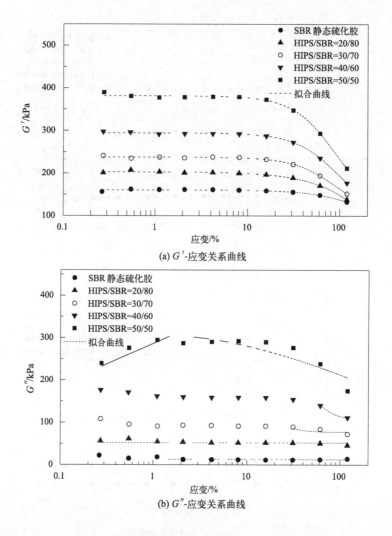

图 3-9　HIPS/SBR TPV 及 SBR 静态硫化胶的动态黏弹行为的拟合曲线（应变扫描，100℃）

表 3-4　根据 Kraus 模型对 HIPS/SBR TPV 及 SBR 硫化胶动态黏弹行为拟合所得的参数（100℃）

材料(质量比)	G_0'/kPa	G_∞'/kPa	$\Delta\varepsilon_c^{①}$/%	$m^{①}$	G_m''/kPa	G_∞''/kPa	$\Delta\varepsilon_c^{②}$/%	$m^{②}$
SBR 静态硫化胶	160.5	82.8	173.7	0.81	1677.2	12.9	0.93	30.43
HIPS/SBR＝20/80	203.4	108.7	347.7	0.63	47.5	67.9	0.00	0.00
HIPS/SBR＝30/70	237.9	93.6	96.7	0.91	86.4	92.7	31.08	0.30
HIPS/SBR＝40/60	294.3	95.5	98.7	0.91	143.6	144.3	56.54	1.76
HIPS/SBR＝50/50	381.7	116.3	88.1	0.94	282.0	284.6	27.7	0.01

① 根据式(3-1) 拟合而得。

② 根据式(3-2) 拟合而得。

3.2.3 增容 HIPS/SBR TPV 的 Payne 效应研究

图 3-10 为 80℃下测试的 HIPS/SBS/SBR TPV 应变扫描的动态黏弹行为曲线。从图 3-10 中可见，在同一扫描应变下，随着体系中增容剂 SBS 含量的增加，G' 变化不大，G'' 则趋于降低。随着扫描应变的增加，当应变大于 1％时，HIPS/SBS/SBR TPV 可以观察到明显的 Payne 效应现象，且在应变大于 10％时，储能模量的下降幅度减小。

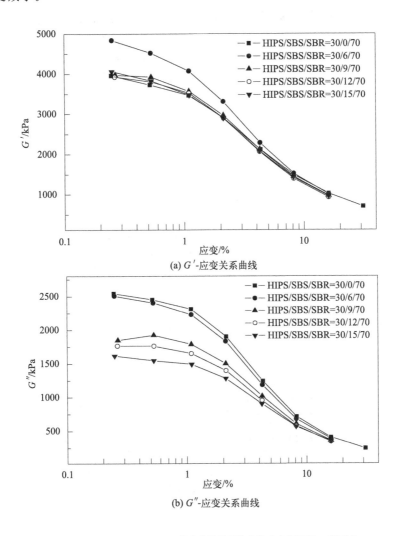

(a) G'-应变关系曲线

(b) G''-应变关系曲线

图 3-10　HIPS/SBS/SBR TPV 的动态黏弹行为曲线（应变扫描，80℃）

根据 Kraus 模型公式，对 80℃下 HIPS/SBS/SBR TPV 的应变扫描的数据进行了拟合，图 3-11 显示了 HIPS/SBS/SBR TPV 应变扫描动态黏弹行为的拟合曲线。从图 3-11 可见，利用 Kraus 模型公式(3-1) 可以实现对 HIPS/SBS/SBR TPV 的储能模量的良好拟合；但难以对损耗模量进行拟合。对图 3-10 测试曲线数据按 Kraus 模型式(3-1) 进行拟合，表 3-5 显示了根据 Kraus 模型式(3-1) 对 HIPS/ SBS/SBR TPV 应变扫描动态黏弹行为拟合所得到的参数。从表 3-5 可以看出，随着 TPV 中 SBS 增容剂用量的提高，表中各参数的具体数据略有变化，但总体波动不大，规律变化也不显著。

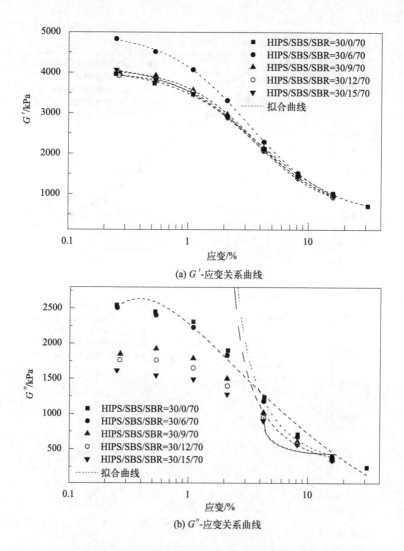

(a) G'-应变关系曲线

(b) G''-应变关系曲线

图 3-11 HIPS/SBS/SBR TPV 的动态黏弹行为的拟合曲线（应变扫描，80℃）

图 3-12 为在 100℃下测试的 HIPS/SBS/SBR TPV 的应变扫描的动态黏弹行为曲线。从图 3-12 中可以看出，在同一扫描应变下，随着 SBS 含量的增加，G'发生

表 3-5　根据 Kraus 模型式（3-1）对 HIPS/SBS/SBR TPV 动态黏弹行为拟合所得参数（80℃）

材料（质量比）	G'_0/kPa	G'_∞/kPa	$\Delta\varepsilon_c$[①]/%	m[①]
HIPS/SBS/SBR＝30/0/70	4055.8	460.9	3.87	1.12
HIPS/SBS/SBR＝30/6/70	4974.7	523.4	3.11	0.65
HIPS/SBS/SBR＝30/9/70	4089.2	639.5	3.53	0.73
HIPS/SBS/SBR＝30/12/70	4004.3	612.7	3.52	0.74
HIPS/SBS/SBR＝30/15/70	4180.1	475.9	3.47	0.63

① 根据式(3-1)拟合而得。

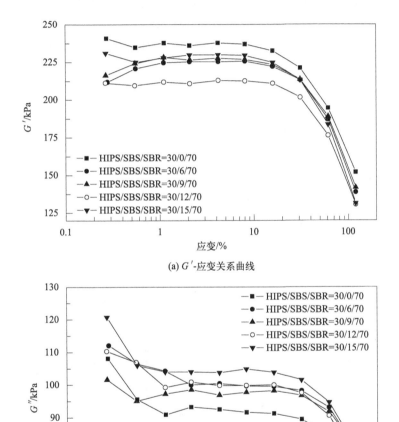

(a) G'-应变关系曲线

(b) G''-应变关系曲线

图 3-12　HIPS/SBS/SBR TPV 的动态黏弹行为曲线（应变扫描，100℃）

一定幅度的升降但变化不大，G''则总体呈上升的趋势；当应变大于10%时，可观察到明显的 Payne 效应现象。与图 3-10 中 80℃下测试数据相比，100℃下测试的 G'、G''显著降低，且在更大的应变处发生储能模量的急剧下降；这与不同温度下测试的系列橡塑比 HIPS/SBR TPV 的 G'、G''的变化规律类似。

图 3-13 为 100℃下，HIPS/SBS/SBR TPV 的应变扫描的动态黏弹行为的拟合曲线。从图 3-13 中可见，利用 Kraus 模型公式对 HIPS/SBS/SBR TPV 的储能模量拟合非常理想，但对损耗模量拟合不理想。根据式(3-1)拟合参数，表 3-6 显示了根据 Kraus 模型式(3-1)对 HIPS/SBR TPV 动态黏弹行为拟合所得参数。从表 3-6 与表 3-5 中数据的对比可以看出，与 80℃下的 HIPS/SBS/SBR TPV 相比，100℃下 HIPS/SBS/SBR TPV 的 G'_0 与 G'_∞ 显著降低，但是 $\Delta\varepsilon_c$ 总体上有大幅度增加。

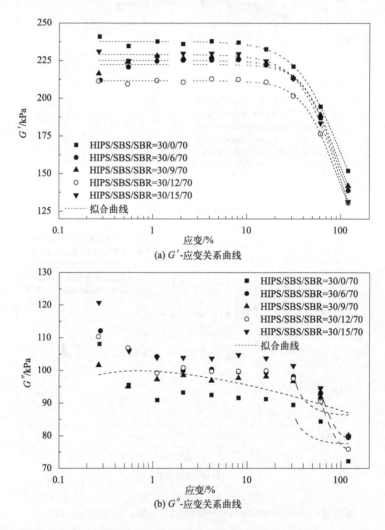

图 3-13 HIPS/SBS/SBR TPV 的动态黏弹行为的拟合曲线（应变扫描，100℃）

表 3-6　根据 Kraus 模型式(3-1) 对 HIPS/SBS/SBR TPV 动态黏弹行为拟合所得参数 （100℃ ）

材料(质量比)	G'_0/kPa	G'_∞/kPa	$\Delta\varepsilon_c$[①]/%	m[①]
HIPS/SBS/SBR＝30/0/70	237.6	93.6	96.73	0.91
HIPS/SBS/SBR＝30/6/70	222.4	106.6	83.11	1.32
HIPS/SBS/SBR＝30/9/70	225.0	94.7	92.78	1.12
HIPS/SBS/SBR＝30/12/70	211.7	92.9	86.90	1.21
HIPS/SBS/SBR＝30/15/70	229.0	65.5	98.19	0.99

① 根据式(3-1)拟合而得。

综上可见，在应变扫描模式下，随着 HIPS/SBR TPV 中 HIPS 含量的增加，TPV 的 G'、G'' 显著上升；增加应变时，TPV 的 G'、G'' 均下降。SBR 静态硫化胶没有出现 Payne 效应，但在不同测试温度条件下，HIPS/SBR TPV 及 HIPS/SBS/SBR TPV 的应变扫描均表现出明显的 Payne 效应。Kraus 模型可以对 TPV 的储能模量 G' 与应变的变化规律进行理想拟合，但 Kraus 模型不能对 G'' 进行有效拟合。这应该与测试中未出现损耗模量的峰值有关。

Kraus 模型拟合数据表明，与 80℃下的测试数据相比，100℃下的 G'_0 与 G'_∞ 显著降低，但是 $\Delta\varepsilon_c$ 有所增加；提高测试温度时，基体连续相 HIPS 的聚集态结构从玻璃态转变为高弹态，并由此导致其动态黏弹行为发生了急剧变化。在较高温度条件下，由于分子运动能力得以增强，TPV 中两相界面作用力有所提高，导致只有在较大应变作用下，才能表现出明显的 Payne 效应。

3.3　热塑性硫化胶 Mullins 效应及其可逆回复行为

Mullins 效应是在橡胶首次拉伸形变后发生的软化现象，通常伴随着残留形变和诱导产生的各向异性。为了解释单轴循环拉伸下的应力软化行为，Mullins 与 Tobin 提出了模型，发生应力软化的材料在微观结构上表现为由"硬相"和"软相"组成的复合体系，且材料的破坏程度主要取决于拉伸过程中的拉伸比。应力软化的程度与材料的异质性有关，异质性越大，应力软化效应越明显，即异质性是 Mullins 效应的"放大器"。

到目前为止，人们对 Mullins 效应的研究已有六十余年的历史，并相继建立了断键、分子滑移、填料网络破坏、解缠绕、双层结构等模型，试图解释其形成机理。然而，这些模型只能对填充橡胶的 Mullins 效应进行解释，并不能对结晶性橡胶及热塑性弹性体的 Mullins 效应作出合理的解释。目前 Mullins 效应在微观尺度的形成机制并未得到广泛认可。

热处理条件下填充橡胶的 Mullins 效应具有一定的可逆性。通常情况下，Mullins 效应的"愈合"程度可用热处理前后两条应力-应变曲线的靠近程度进行直观对比。另外，还可通过固定应变下的应力或永久变形的回复程度来进行考核。Mullins 对 NR 填充橡胶的 Mullins 效应的回复行为进行了研究，发现 Mullins 效应的回复具有时间依赖性。Harwood 和 Payne 研究了交联密度对非填充 NR 应力回复的影响，结果表明应力的回复与交联密度有关，特别是对于单硫键交联和 C—C 键交联的体系。研究发现，将拉伸后试样浸入适当溶剂中浸泡一定时间，其应力也可达到较好的回复。Laraba-Abbes 等研究则发现对于 CB 填充 NR 的应力-应变曲线，在将材料置于 95℃的烘箱中 48h 后，其应力即可得到完全回复。但是，到目前为止，对 Mullins 效应可逆回复行为的研究主要集中于填充橡胶，还未见与 TPV 的 Mullins 效应可逆回复相关的报道。

3.3.1　CM 增容 ABS/NBR TPV 压缩 Mullins 效应及其可逆回复行为

采用伺服控制拉力试验机对圆柱形试样进行单轴循环压缩测试，应变速率为 $0.0083s^{-1}$（试样厚度为 10mm 时，压缩速率为 5mm/min）。每种试样制备两个相同的测试样品，直径为 5mm，高度 10mm 左右，其中一个试样进行单轴压缩实验，另一个进行循环单轴压缩实验。根据程序设定依次增加压缩应变，压缩应变的定义参考 GB/T 7757—2009《硫化橡胶或热塑性橡胶 压缩应力应变性能的测定》，压缩应变分别为 10%、20%、30%、40%及 50%。特定压缩应变下，每个循环中的应力峰值为最大压缩应力；每个循环结束且应力为零时所对应的残余形变为瞬时压缩残余形变；积分加载-卸载曲线所包围的面积即为内耗值。软化因子采用下式计算：

$$D_s = \frac{W_1(\varepsilon) - W_i(\varepsilon)}{W_1(\varepsilon)} \times 100\% \tag{3-3}$$

式中　$W_1(\varepsilon)$——第一次压缩至给定压缩应变所需应变能，即第一次加载曲线以下面积，J；

　　　$W_i(\varepsilon)$——第 i 次压缩至给定压缩应变所需应变能，即第 i 次加载曲线以下面积，J。

以 ABS/CM/NBR TPV 为例，对压缩模式下的 Mullins 效应及其可逆回复行为进行了研究。图 3-14 是 ABS/CM/NBR TPV 的单轴压缩及单轴循环压缩的应力-应变曲线，其中虚线为单轴压缩曲线。从图 3-14 中可以看出，在特定的压缩应变下，随着压缩次数的增加，所需最大应力明显下降，出现明显的应力软化即 Mullins 效应，且在卸载时存在明显的瞬时残余形变。从图 3-14 中还可以看出，当后续压缩应变超过之前的压缩应变后，压缩应力-应变曲线又返回到与单轴压缩相同的路径，说明之前的压缩对后续更大压缩应变的压缩应力-应变行为影响很小。

图 3-15 显示的是 NBR 静态硫化胶的单轴压缩及单轴循环压缩应力-应变曲线，虚线为单轴压缩曲线，从图 3-15 中可发现，在压缩应变较小（低于 40%）时几乎观察不到明显的 Mullins 效应，但当应变超过 40%后可发现较弱的 Mullins 效应。

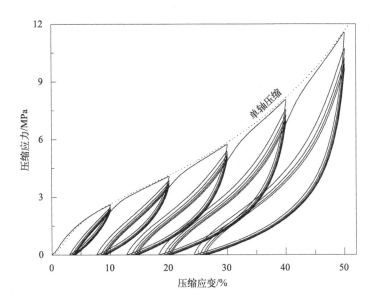

图 3-14　ABS/CM/NBR TPV 的单轴压缩及单轴循环压缩的应力-应变曲线

通常情况下未填充的硫化橡胶不会出现明显的应力软化现象。图 3-15 中 NBR 硫化胶在较大压缩应变时出现应力软化现象，这是因为该样品的硫化体系中包含活化剂氧化锌（ZnO）粒子，无机粒子的存在可发挥类似填料的作用，在循环压缩过程中，其与橡胶分子的界面作用受到破坏，并导致 Mullins 效应的产生。对比图 3-14 和图 3-15 可发现，压缩应变相同时，TPV 体系 Mullins 效应较为显著且内耗较大。

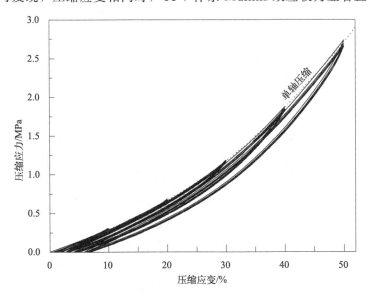

图 3-15　NBR 静态硫化胶的单轴压缩及单轴循环压缩应力-应变曲线

图 3-16 为不同压缩应变下循环压缩次数对 ABS/CM/NBR TPV 最大压缩应力的影响曲线。从图 3-16 中可以看出，在相同压缩应变下，压缩应力在第一次加载-卸载循环中达到最大值，在第二次加载-卸载循环时，最大压缩应力即发生明显下降，但在此后压缩过程中，压缩应力下降趋势减小。此外，从图 3-16 还可以看出，压缩应变越大，应力软化现象也越明显。

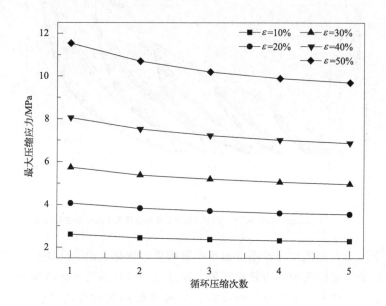

图 3-16　不同压缩应变下循环压缩次数对 ABS/CM/NBR TPV 最大压缩应力的影响曲线

为了解释应力软化行为，将 ABS/NBR TPV 的微观结构进行简化，图 3-17 显示了 TPV 的压缩 Mullins 效应的形成机制及回复模型，内部的球形粒子是交联的 NBR 粒子，外壳为 ABS 树脂相，它们之间存在界面层。通常来说，TPV 的强度主要是由树脂连续相决定的，在初次被压缩时，赤道附近[如图 3-17(b)阴影部分]的基体层由于受力最大而产生明显的塑性形变并消耗较多能量，所需应力最大；而去除外力时，基体在压缩过程中产生的塑性形变仅部分回复[如图 3-17(c)]，并产生一定的残余形变。在固定压缩应变的后续压缩循环中，树脂相对形变时所需应力的贡献减少，一部分应力是软相形变产生的，因而所需应力有所降低，最大压缩应力在第二次循环后下降比较缓慢；然而，当压缩应变超过先前施加在样品上的最大应变之后，此时橡胶相将发生更大形变，但更重要的是树脂相将发生更大程度的塑性形变[如图 3-17(d)]，并由此产生压缩应力的显著提高。

不同压缩应变下的循环压缩次数对 ABS/CM/NBR TPV 瞬时压缩残余形变的影响曲线如图 3-18 所示。从图 3-18 可见，当压缩应变保持不变时，随循环压缩次数的增加，瞬时残余形变仅产生轻微的增加；但随着压缩应变的增加，瞬时残余形

热塑性
硫化胶及功能化

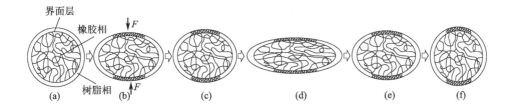

图 3-17　TPV 的压缩 Mullins 效应的形成机制及回复模型

变发生显著的增加。在第一次压缩时，外力的作用使基体树脂相产生塑性形变。在卸载时，橡胶相的回复应力通过界面传递给基体，但在常温下基体的塑性形变只能回复一部分，由此导致残余形变的产生，如图 3-17（c）所示。当压缩应变增加时，基体树脂将产生更大的且在室温下难以回复的塑性形变，导致更大的残余形变的产生，如图 3-17（e）所示。

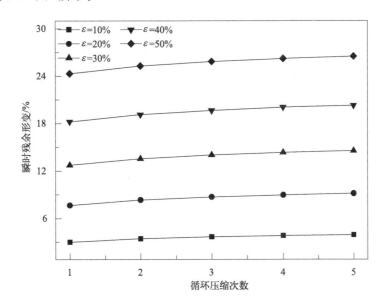

图 3-18　不同压缩应变下循环压缩次数对 ABS/CM/NBR TPV 瞬时残余形变的影响曲线

图 3-19 显示不同压缩应变下循环压缩次数对 ABS/CM/NBR TPV 内耗的影响曲线。从图 3-19 中可见，当压缩应变一定时，内耗在第一次循环压缩时达到最大值，在第二次循环压缩中，内耗即发生大幅度下降，但在之后的循环压缩中仅发生轻微降低。这是因为在第一次循环压缩时，ABS 树脂相发生塑性形变，大分子之间发生滑移，需要消耗较多能量克服内摩擦力，此外还包括 NBR 相在形变过程中由于黏弹行为产生的内耗，从而导致大内耗的产生。但自第二次循环压缩起，由于基体已经发生塑性形变且难以彻底回复，树脂相塑性形变对内耗的贡献减少，只需

相对较小的外力即可达到同等压缩应变，因而内耗较小。当压缩应变继续增大时，由于基体树脂相需继续发生大的塑性形变，内耗明显增加。

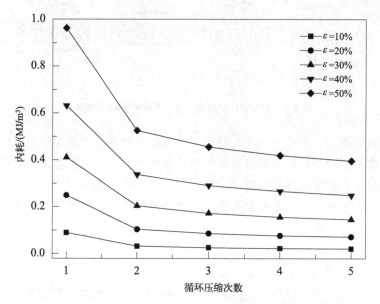

图 3-19　不同压缩应变下循环压缩次数对 ABS/CM/NBR TPV 内耗的影响曲线

图 3-20 为不同压缩应变下循环压缩次数对 ABS/CM/NBR TPV 应力软化因子的影响曲线。从图 3-20 可以看出，当压缩应变一定时，软化因子随着循环压缩次

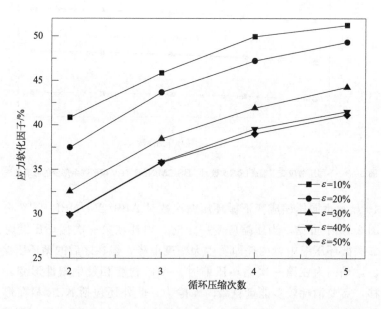

图 3-20　不同压缩应变下循环压缩次数对 ABS/CM/NBR TPV 应力软化因子的影响曲线

　热塑性
硫化胶及功能化

数的增加而增大，应力软化现象更加明显。若增大压缩应变，则应力软化因子逐渐降低，这是因为在之前压缩应变时已经发生部分软化，从而导致在之后压缩应变时应力软化减弱。

阻尼因子（tanδ）用每个循环中的内耗与应变能的比值表示，即滞后圈面积/压缩曲线下的面积。图 3-21 为不同压缩应变下循环压缩次数对 ABS/CM/NBR TPV 阻尼因子（tanδ）的影响曲线。从图 3-21 中可以看出，当压缩应变一定时，阻尼因子在第一次循环压缩时达到最大值，第二次循环压缩时下降明显，在后续的循环压缩中阻尼因子逐渐降低。这是因为第一次循环压缩时树脂相发生塑性形变需要消耗较多能量，阻尼因子较高，而后续循环压缩时树脂相塑性形变相对减少，阻尼因子因而降低。循环压缩次数相同时，阻尼因子随着压缩应变的增加而增加，这是因为压缩应变越大，树脂相形变越大，阻尼因子就越大。

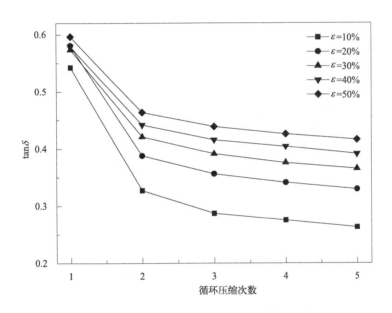

图 3-21　不同压缩应变下循环压缩次数对 ABS/CM/NBR TPV 阻尼因子（tanδ）的影响曲线

图 3-22 为热处理温度对 ABS/CM/NBR TPV 单轴循环压缩中 Mullins 效应的可逆回复影响曲线。从图 3-22 中可以看出，室温条件下回复 30min 后，低应变时二次循环压缩的应力明显小于第一次循环压缩时的应力。但是，当循环压缩至第一次循环压缩的最大应变时，应力却高于第一次循环压缩的应力。随着热处理温度的升高，压缩应力逐渐升高，且在 110℃ 热处理前后两条应力-应变曲线最为靠近，表明在 110℃ 热处理条件下循环压缩时，Mullins 效应的回复效果最佳；但温度超过 110℃ 后，压缩应力则趋于降低且热处理前后两条应力-应变曲线距离变远。

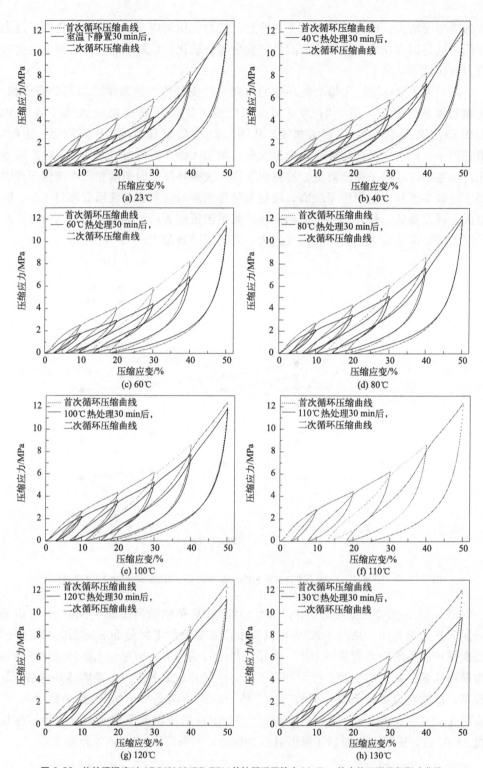

图 3-22 热处理温度对 ABS/CM/NBR TPV 单轴循环压缩中 Mullins 效应的可逆回复影响曲线

热塑性
硫化胶及功能化

ABS/CM/NBR TPV 在经过第一次单轴循环压缩后，采用不同温度进行热处理。表 3-7 显示在不同温度热处理后 ABS/CM/NBR TPV 的压缩永久变形。从表 3-7 中可以看出，室温放置 30min 后仍存在较大的压缩永久变形，表明室温下的变形可逆回复能力较低；随着处理温度的升高，压缩永久变形逐渐降低，表明升温后，发生塑性形变的树脂相的可逆回复驱动力增强，且升温后硫化橡胶相的回复力也增强，二者共同作用导致形变的回复能力增强。当温度为 110℃时，压缩永久变形已经低于零，之后则趋于更负，此时压缩后样品的尺寸回复至略大于原始厚度。这是较高温度下 ABS/CM/NBR TPV 中树脂相在内部橡胶相的作用下发生大分子链的黏性流动导致样品变形所致。

表 3-7　在不同温度热处理后 ABS/CM/NBR TPV 的压缩永久变形

热处理温度/℃	23	40	60	80	100	110	120	130
压缩永久变形/%	22.5	16.1	11.3	6.3	2.3	−2.8	−11.8	−12.9

结合图 3-16 和图 3-17 还可以看出，ABS/CM/NBR TPV 在第一次压缩的过程中基体相 ABS 产生明显的塑性形变，大分子链之间发生滑移，所需应力值较大，这也意味着在初次压缩的过程中需要消耗较多的能量来克服分子之间的内摩擦力，从而产生较高的最大压缩应力。当热处理温度低于 110℃时，在第二次循环单轴压缩中，ABS 基体的塑性形变不能彻底回复，Mullins 效应导致的软化效应仍存在，压缩应力相应减小。图 3-22(a) 和图 3-22(b) 中压缩应变为 50% 时的最大压缩应力反而高于第一次循环压缩应力，这与样品较高的压缩永久变形有关，如表 3-7 所示。这直接导致二次压缩时在同样的压缩应变下，ABS/CM/NBR TPV 被压缩至该应变时柱状样品的残留高度较第一次压缩时的要低，因而 TPV 中树脂相塑性形变也大于第一次压缩，造成压缩应力明显增大。还可发现，当温度高于 110℃时，热处理温度已经超过 ABS 树脂相的玻璃化转变温度，此时残留取向逐渐减少直至完全回复，且高温热处理也导致了样品的厚度超过初始值，使得二次压缩时，在同等的压缩应变下，柱状样品压缩后的残留高度反而比第一次要高，ABS/CM/NBR TPV 中树脂相的塑性形变比第一次要低，这导致了压缩应力的相对下降。值得注意的是，110℃时虽然样品的厚度已基本回复，即回复至图 3-17(f) 所示状态，但在相同压缩应变下的压缩应力并没完全回复。这是由于室温下压缩至 50% 的压缩应变后，样品的形变过大，内部发生了不可逆的化学松弛。

3.3.2　拉伸模式下 HIPS/SBS/HVPBR TPV Mullins 效应及其可逆回复研究

以 HIPS/HVPBR TPV 为例，对其拉伸模式下的 Mullins 效应及其可逆回复进行了研究。图 3-23 是 HIPS/HVPBR TPV 和 HIPS/SBS/HVPBR TPV 的单轴拉

伸的加载-卸载循环曲线。从图 3-23 中可以看出，在固定的拉伸比下，随着拉伸次数的增加，所需最大应力明显下降，表现出应力软化，即 Mullins 效应，且在每次卸载至应力为零时存在明显的瞬时残余形变。还可以看出，当拉伸比超过之前最大的拉伸比时，TPV 的应力-拉伸比（λ_s）曲线会遵循与简单单轴拉伸曲线相似的路径，这表明之前的拉伸对 TPV 在更大拉伸比下的应力-拉伸比曲线的影响很小。

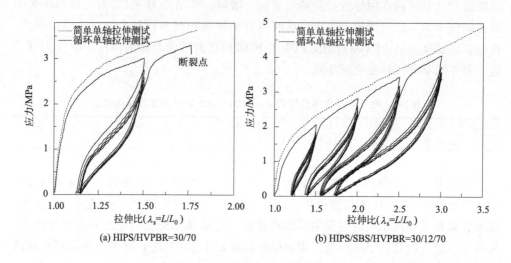

图 3-23　HIPS/HVPBR TPV 及 HIPS/SBS/HVPBR TPV 的单轴拉伸的加载-卸载循环曲线

图 3-24 显示了 HIPS/SBS/HVPBR TPV 循环加载-卸载过程中应力、瞬时残余形变的变化情况。从图 3-24(a) 中可见，当拉伸比（λ_s）相同时，在第一次循环拉伸中应力达到最大值，到第二次加载-卸载循环时最大应力大幅降低，然而在此后循环中，应力最大值降低程度下降。从图 3-24(b) 可见，当加载-卸载过程中应

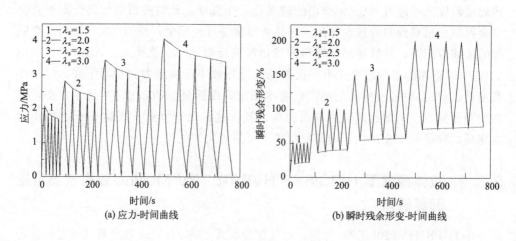

图 3-24　HIPS/SBS/HVPBR TPV 循环加载-卸载过程中应力、瞬时残余形变的变化情况

力卸载为零时 TPV 仍存在明显的瞬时残余形变。图 3-25 显示了不同拉伸比下循环拉伸次数对 HIPS/SBS/HVPBR TPV 卸载后的瞬时残余形变的影响，随着拉伸比的提高，TPV 瞬时残余形变发生大幅提高。但在相同拉伸比下，TPV 瞬时残余形变仅随加载-卸载循环次数的增加而缓慢提高。

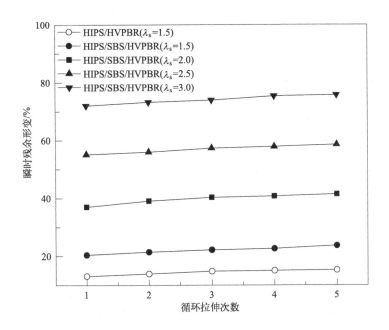

图 3-25　不同拉伸比下循环拉伸次数对 HIPS/SBS/HVPBR TPV 卸载后的瞬时残余形变影响曲线

　　Boyce 通过微观力学模型对 TPV 变形及回复的微观机制进行了研究。Oderkerk 通过红外光谱研究了 TPV 的形变及其可逆回复行为。研究表明，在 TPV 发生形变的过程中大部分形变是发生在橡胶相上的。Mullins 和 Tobin 提出了由硬相与软相组成的微观结构模型，认为发生应力软化的材料是由软相和硬相两相组成的，在材料发生形变过程中，大部分形变是由软相承担的，而材料的破坏程度取决于材料拉伸过程中拉伸比的大小。HIPS/SBS/HVPBR TPV 中基体 HIPS 为硬相，在初次循环拉伸时，HIPS 基体连续相将产生明显的塑性形变，消耗较大能量，所需应力最大；但在后续的循环拉伸过程中，HIPS 基体在上一次循环拉伸中产生的塑性形变仅部分得到了回复，所需应力有所降低。

　　图 3-26 显示了不同拉伸比下循环拉伸次数对 HIPS/SBS/HVPBR TPV 内耗的影响曲线。从图 3-26 中可见，当拉伸比一定时，内耗在第一次循环拉伸时达到最大值，在第二次循环拉伸中，内耗即发生大幅度下降，但在之后循环拉伸中则仅发生轻微降低；提高拉伸比，内耗明显增大。HIPS 相在第一次加载-卸载循环中发生较大塑性形变，并由此导致了较大的内耗和较大的瞬时残余形变；而在后续的加载

-卸载循环中，更多的形变发生在 HVPBR 软相中，此时 TPV 瞬时残余形变变化不大，这就导致了 TPV 内耗在第一次加载-卸载循环之后变化不大。

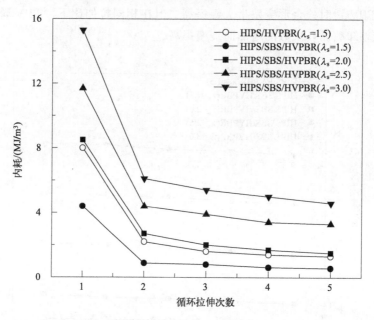

图 3-26　不同拉伸比下循环拉伸次数对 HIPS/SBS/HVPBR TPV 内耗的影响曲线

图 3-27 为不同拉伸比下循环拉伸次数对 HIPS/SBS/HVPBR TPV 的软化因子

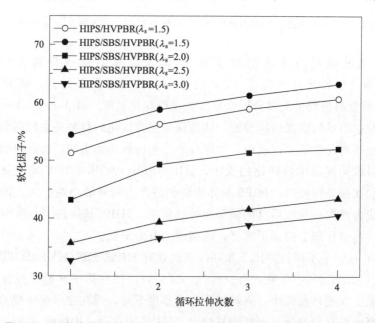

图 3-27　不同拉伸比下循环拉伸次数对 HIPS/SBS/HVPBR TPV 软化因子的影响曲线

影响曲线。从图 3-27 中可以看出，当拉伸比一定时，随着循环拉伸次数的增加，软化因子逐渐升高，应力软化现象逐渐增强；提高拉伸比，应力软化减弱。这是因为在之前拉伸应变时基体已经发生部分软化，从而导致在之后拉伸应变时应力软化减弱。

图 3-28 是不同应变速率下 HIPS/SBS/HVPBR TPV 的单轴循环拉伸加载-卸载曲线。从图 3-28 中可见，在相同拉伸比的条件下，随着循环拉伸次数增加，所需最大应力明显下降，表现出明显的应力软化，即 Mullins 效应，且在每次卸载时存在明显的瞬时残余形变；当 λ_s 值依次增大后，应力-应变曲线又返回到与简单单轴拉伸相似的路径，说明之前的拉伸对后续 λ_s 值增大的条件下应力-应变行为影响很小。此外，拉伸比值不同时的单轴循环拉伸加载-卸载曲线在形状上很相似。根据图 3-28 计算得到最大应力数据，表 3-8 显示了不同应变速率及拉伸比下的循环加载-卸载次数对 TPV 最大应力值的影响。

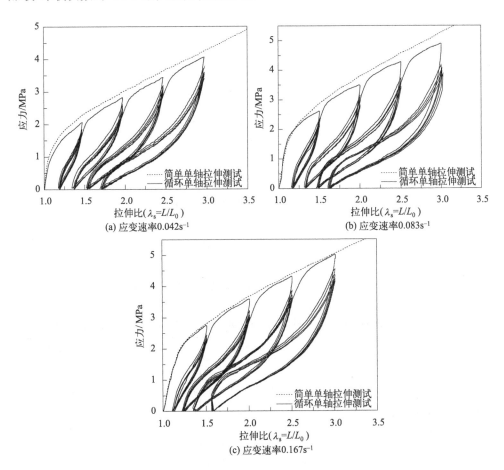

图 3-28 不同应变速率（$\dot{\varepsilon}$）下 HIPS/SBS/HVPBR TPV 的单轴循环拉伸加载-卸载曲线

图 3-29 是不同应变速率及拉伸比下的循环加载-卸载次数对 TPV 最大应力的影响曲线。表 3-8 显示了不同应变速率及拉伸比下的循环加载-卸载次数对 TPV 最大应力值数据的影响。结合图 3-29 及表 3-8 可见，当拉伸比相同时，在第一次加载-卸载循环中应力达到最大值，在第二次加载-卸载循环时，最大应力即发生明显下降，但在此后的拉伸中，应力下降趋势减小；对比不同的应变速率下的数据可发现，在特定的拉伸比下，应变速率越大，所需最大应力值越大，这是由于在高速拉伸情况下 TPV 刚性增强。从图 3-29 中还可以看出，随着拉伸比增大，所需的应力增大，这是因为拉伸比增大时，大形变导致树脂相发生更大的塑性形变和取向，所需应力明显增大。

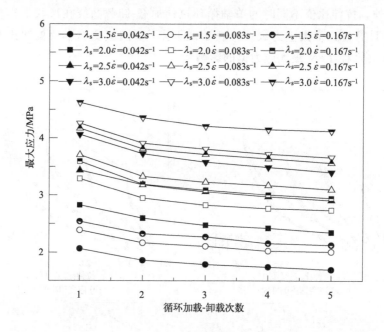

图 3-29　不同应变速率及拉伸比下的循环加载-卸载次数对 TPV 最大应力的影响曲线

表 3-8　不同应变速率及拉伸比下的循环加载-卸载次数对 TPV 最大应力值数据的影响

λ_s	第 1 次 $\dot{\varepsilon}/s^{-1}$			第 2 次 $\dot{\varepsilon}/s^{-1}$			第 3 次 $\dot{\varepsilon}/s^{-1}$			第 4 次 $\dot{\varepsilon}/s^{-1}$			第 5 次 $\dot{\varepsilon}/s^{-1}$		
	0.042	0.083	0.167	0.042	0.083	0.167	0.042	0.083	0.167	0.042	0.083	0.167	0.042	0.083	0.167
1.5	2.06	2.39	2.54	1.86	2.17	2.32	1.79	2.10	2.27	1.74	2.02	2.16	1.69	2.01	2.13
2.0	2.83	3.29	3.59	2.60	2.95	3.19	2.47	2.82	3.09	2.42	2.76	3.01	2.35	2.74	2.95
2.5	3.43	3.71	4.17	3.18	3.33	3.81	3.06	3.23	3.71	2.97	3.17	3.64	2.91	3.10	3.56
3.0	4.06	4.26	4.62	3.73	3.91	4.36	3.58	3.81	4.21	3.50	3.72	4.15	3.40	3.66	4.12

图 3-30 是不同应变速率及拉伸比下的循环加载-卸载次数对 TPV 瞬时残余形变的影响曲线，表 3-9 显示了不同应变速率及拉伸比下的循环加载-卸载次数对 TPV 瞬时残余形变数据的影响。从图 3-30 中可见，在特定的拉伸比下，随着循环加载-卸载次数的增加，瞬时残余形变略有增大；随着拉伸比的增加，瞬时残余形变发生显著增加。在第一次循环加载-卸载时，外力的作用使基体树脂相发生塑性形变，在卸载时，橡胶相的回复应力通过界面传递给基体，但基体的塑性形变只能回复一部分，由此导致残余形变的产生；而当拉伸比增加时，基体树脂将发生更大的塑性形变，因此将导致更大的瞬时残余形变。需要指出的是，在特定的拉伸比下，应变速率越大，TPV 的瞬时残余形变越小；这可能是在较高的应变速率下，TPV 的弹性得以增强，使得 TPV 中两相界面的破坏程度较轻，在卸载之后有更多的相界面可以起到传递橡胶相回复应力的作用，从而具有较小的瞬时残余形变。

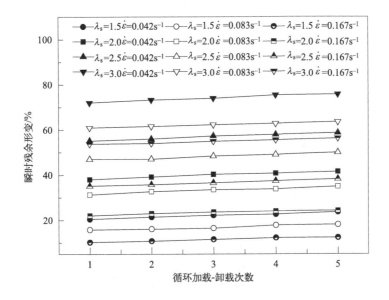

图 3-30 不同应变速率及拉伸比下的循环加载-卸载次数对 TPV 瞬时残余形变的影响曲线

表 3-9 不同应变速率及拉伸比下的循环加载-卸载次数对 TPV 瞬时残余形变数据的影响

λ_s	第1次			第2次			第3次			第4次			第5次		
	$\dot{\varepsilon}/\mathrm{s}^{-1}$			$\dot{\varepsilon}/\mathrm{s}^{-1}$			$\dot{\varepsilon}/\mathrm{s}^{-1}$			$\dot{\varepsilon}/\mathrm{s}^{-1}$			$\dot{\varepsilon}/\mathrm{s}^{-1}$		
	0.042	0.083	0.167	0.042	0.083	0.167	0.042	0.083	0.167	0.042	0.083	0.167	0.042	0.083	0.167
1.5	20.44	15.79	10.22	21.40	16.08	10.75	22.17	16.42	11.50	22.61	17.75	12.12	23.61	18.05	12.34
2.0	38.06	31.33	22.14	39.13	32.71	23.01	40.27	33.48	23.61	40.72	33.79	23.97	41.43	34.89	24.23
2.5	55.20	46.99	35.19	56.01	47.04	35.79	57.34	48.37	36.55	57.92	49.03	37.39	58.61	49.95	38.24
3.0	72.03	60.97	53.83	73.27	61.54	54.10	73.94	62.30	54.95	75.35	62.82	55.53	75.69	63.54	56.25

图 3-31 是不同应变速率及拉伸比下的循环加载-卸载次数对 TPV 内耗的影响，表 3-10 显示了不同应变速率及拉伸比下的循环加载-卸载次数对 TPV 内耗值的影响。结合图 3-31 及表 3-10 可以看出，当拉伸比一定时，内耗在第一次循环加载-卸载时达到最大值，在第二次循环加载-卸载中，即发生大幅度下降，但在之后的循环加载-卸载中则仅发生轻微的降低。这是因为在第一次循环加载-卸载时基体相 HIPS 发生塑性形变，大分子之间发生滑移，需要消耗较多能量克服内摩擦力；当第二次循环加载-卸载时，由于基体已经发生塑性形变且难以彻底回复，因此只需较小应力便可发生同样拉伸比的形变，所需能量明显降低；当继续增大拉伸比时，由于树脂相需发生更大塑性形变，因此需要消耗的能量明显增加。对比不同的应变速率的数据可以发现，在相同的拉伸比下，应变速率越大，内耗则越大，这是由于在高应变速率下，TPV 体系的刚性增强，使其达到同样拉伸比所需应力提高，因此导致内耗增大。

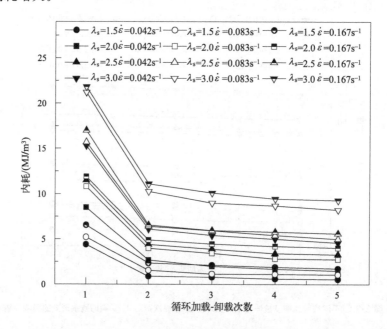

图 3-31　不同应变速率及拉伸比下的循环加载-卸载次数对 TPV 内耗的影响

表 3-10　不同应变速率及拉伸比下的循环加载-卸载次数对 TPV 内耗值的影响

λ_s	第 1 次 $\dot{\varepsilon}/s^{-1}$			第 2 次 $\dot{\varepsilon}/s^{-1}$			第 3 次 $\dot{\varepsilon}/s^{-1}$			第 4 次 $\dot{\varepsilon}/s^{-1}$			第 5 次 $\dot{\varepsilon}/s^{-1}$		
	0.042	0.083	0.167	0.042	0.083	0.167	0.042	0.083	0.167	0.042	0.083	0.167	0.042	0.083	0.167
1.5	4.40	5.22	6.54	0.88	1.55	2.35	0.80	1.15	2.13	0.62	1.13	1.92	0.57	1.07	1.75
2.0	8.50	10.80	11.90	2.70	3.97	4.90	2.00	3.44	4.45	1.70	2.83	4.21	1.50	2.76	4.02
2.5	11.50	15.70	17.00	4.40	6.40	6.54	3.90	5.92	5.95	3.40	5.40	5.79	3.30	5.01	5.61
3.0	15.30	21.20	21.80	6.10	10.25	11.10	5.40	8.98	10.10	5.00	8.69	9.45	4.60	8.24	9.28

热塑性
硫化胶及功能化

图 3-32 是不同应变速率及拉伸比下的循环加载-卸载次数对 TPV 软化因子的影响曲线，表 3-11 显示了不同应变速率及拉伸比下的循环加载-卸载次数对 TPV 软化因子数值的影响。结合图 3-32 及表 3-11 可见，当拉伸比一定时，随着循环拉伸次数的增加软化因子逐渐升高，应力软化现象逐渐增强。还可以看出，当应变速率为 $0.083s^{-1}$ 时，软化因子相对较高，这可能是软化因子对这一应变速率较敏感所致。

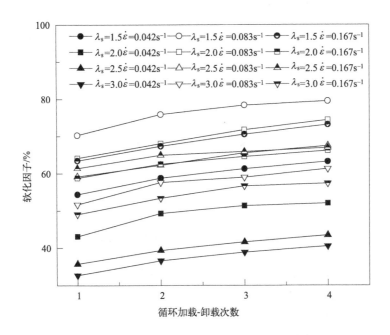

图 3-32　不同应变速率及拉伸比下的循环加载-卸载次数对 TPV 软化因子的影响曲线

表 3-11　不同应变速率及拉伸比下的循环加载-卸载次数对 TPV 软化因子数值的影响

λ_s	第 2 次			第 3 次			第 4 次			第 5 次		
	$\dot{\varepsilon}/s^{-1}$			$\dot{\varepsilon}/s^{-1}$			$\dot{\varepsilon}/s^{-1}$			$\dot{\varepsilon}/s^{-1}$		
	0.042	0.083	0.167	0.042	0.083	0.167	0.042	0.083	0.167	0.042	0.083	0.167
1.5	54.41	70.30	63.50	58.82	75.90	67.40	61.29	78.40	70.60	63.24	79.50	73.20
2.0	43.15	64.20	58.80	49.32	68.10	62.60	51.37	71.80	64.60	52.05	74.40	66.20
2.5	35.75	59.20	56.50	39.37	62.30	65.00	41.63	65.60	65.90	43.44	67.50	67.00
3.0	32.68	51.70	49.10	36.60	57.60	53.40	38.89	59.00	56.70	40.52	61.30	57.40

图 3-33 为在不同应变速率及拉伸比下的循环加载-卸载次数对 TPV 阻尼因子（tanδ）的影响曲线。从图 3-33 可以看出，当拉伸比一定时，阻尼因子在第一次循环加载-卸载时达到最大值，在后续的循环加载-卸载中，阻尼因子逐渐降低；增大

拉伸比，和之前的相比，在第二次循环加载-卸载时阻尼因子就发生下降，但之后的变化幅度较小。总体而言，应变速率对于阻尼因子的影响并不显著。

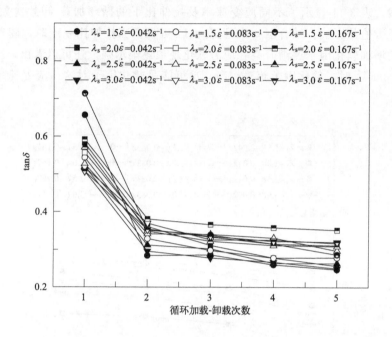

图 3-33　不同应变速率及拉伸比下的循环加载-卸载次数对 TPV 阻尼因子（tan δ）的影响曲线

　　Mullins 效应在热处理条件下具有一定的可逆性，其回复程度可从热处理前后两条应力-应变曲线的靠近程度进行考察，也可通过固定应变下的应力或永久变形的回复程度来进行量化的考核。图 3-34 是不同热处理温度下 HIPS/SBS/HVPBR TPV 的第一次及第二次拉伸的应力-拉伸比关系曲线，从图 3-34 中可以看出，当拉伸比一定时，第二次循环单轴拉伸所需的应力明显小于第一次循环单轴拉伸，TPV 经热处理后的第二次循环单轴拉伸曲线并不能彻底回复到之前的水平。TPV 的 Mullins 效应回复表现出一定的温度依赖性，TPV 在 100℃ 条件下热处理后，其第二次循环单轴拉伸曲线的回复程度较室温条件下处理的回复程度明显提高。

　　表 3-12 显示了不同热处理温度下 HIPS/SBS/HVPBR TPV 的第一次及第二次循环拉伸的最大应力值。从表 3-12 中可见，当 λ_s 值相同时，相比于第一次循环单轴拉伸，TPV 在 23℃、80℃ 和 100℃ 条件下热处理后的第二次循环单轴拉伸所需最大应力显著减小；然而在 λ_s 值相同时，TPV 在第一次循环单轴拉伸时具有较大的最大应力值，并且当提高热处理温度时，TPV 最大应力值显著提高，并向第一次循环单轴拉伸的值靠近。当 $\lambda_s = 2.0$ 时，在室温（23℃）、80℃ 和 100℃ 条件下处理 30min 的样品时，第二次循环单轴拉伸所需的最大应力值分别为 1.80MPa、2.66MPa 和 3.38MPa。与第一次循环单轴拉伸的最大应力值 3.61MPa 相比，室温

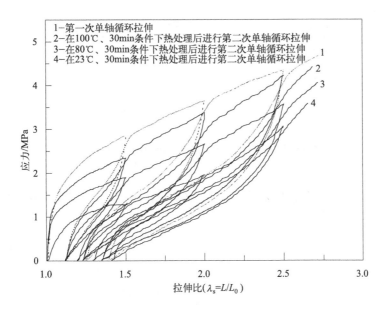

图 3-34　不同热处理温度下 HIPS/SBS/HVPBR TPV 的第一次及第二次拉伸的应力-拉伸比关系曲线

时仅有约 50% 得到回复；而热处理温度提高到 100℃ 时，TPV 最大应力回复率则高达约 94%。经过热处理后，一方面，基体的塑性形变的回复程度增大；另一方面，在初次拉伸过程中两相界面破坏程度得到回复，可更好地起到承担、传递应力的作用。

表 3-12　不同热处理温度下 HIPS/SBS/HVPBR TPV 的第一次及第二次循环拉伸的最大应力值

拉伸比(λ_s)	最大应力/MPa			
	初始 TPV	23℃	80℃	100℃
1.5	2.77	1.29	1.94	2.34
2.0	3.61	1.80	2.66	3.38
2.5	4.33	2.65	3.56	4.21

图 3-35 为拉伸过程中 HIPS/SBS/HVPBR TPV 的微观结构示意，阴影部分为分散相 HVPBR 粒子，空白部分为基体相 HIPS，如图 3-35（a）所示。当受到单轴拉力作用时，较其他部位的树脂相而言，赤道附近的树脂相由于受力最大而产生明显的塑性形变，如图 3-35（b）所示。当去除外力时，橡胶相的回复作用力会通过界面层传递给树脂相，带动树脂相发生一定程度的回复。但树脂相塑性形变并不能得到彻底回复[图 3-35（c）]，由此导致残余形变的产生，塑性形变的取向也存在一定残留。

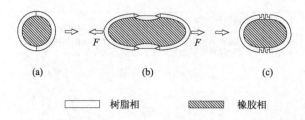

图 3-35　拉伸过程中 HIPS/SBS/HVPBR TPV 的微观结构示意

3.3.3　撕裂模式下 EAA/NBR TPV Mullins 效应及其可逆回复研究

撕裂强度是材料在外界撕裂力作用下抵抗变形的能力，是橡胶制品中较为特殊的一项力学性能。橡胶类材料在实际使用过程中，由于外部机械损伤或内部结构缺陷等将会存在缺口或裂纹，当施加外在作用力时，由于应力集中、迅速传递能量，造成缺口放大、裂纹开裂，从而造成了撕裂破坏。通过测定其在极限条件下的撕裂性能，可有效避免橡胶类制品在实际使用过程中达到极限值，对于产品性能的提高以及使用寿命的延长，具有重要意义。

橡胶内部的异质性是 Mullins 效应产生的主要驱动力。这一特性对于理解诸如周期性变化过程中的热量积累和机械损耗，以及橡胶类制品在实际生产应用中的性能调控非常重要。目前对于 Mullins 效应的研究主要集中在单轴拉伸、单轴压缩、剪切及等双轴模式上，而关于撕裂模式下 TPV Mullins 效应的研究则未见报道。采用动态硫化法制备了系列 EAA/NBR TPV，对其撕裂模式下的 Mullins 效应及可逆回复行为进行了研究，采用万能材料试验机对直角形撕裂试样进行单轴循环撕裂模式测试，单轴循环撕裂过程中的撕裂和放松试样的速度均为 50mm/min；将试样按程序设定撕裂应变（ε_t）连续进行 5 次单轴循环撕裂测试。

测试试样撕裂模式下 Mullins 效应的可逆回复时，首先将直角形撕裂试样上两条平行标线之间的初始距离记为 l_0（在试样中心点两侧等距离处标记两条垂直于样条的直线，以两条直线中点之间的距离作为长度的测量标准，图 3-36 是直角形撕裂试样及标线示意），然后进行单轴撕裂模式测试，之后将测试完的试样分别在室温及不同的热处理温度下进行回复，时间设定为 30min；热处理完成后，待试样充分冷却之后重新测定标线间距离，记为 l_i。最后，在相同的撕裂速度和撕裂应变下再次进行测试，撕裂永久变形记为 K，其计算公式如式（3-4）所示。

$$K = \frac{l_i - l_0}{l_0} \times 100\%$$
(3-4)

图 3-37 为撕裂模式下系列 EAA/NBR TPV 的撕裂强度-应变关系曲线。从图 3-37 可见，系列 EAA/NBR TPV 的撕裂强度随 EAA 含量的增多而增大，断裂时

图 3-36　直角形撕裂试样及标线示意

的撕裂应变则随之减小。采用橡塑质量比为 40/60 的 EAA/NBR TPV 样品作为研究对象，研究其在撕裂模式下 Mullins 效应及可逆回复行为。

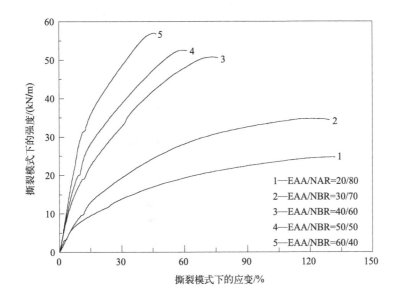

图 3-37　系列 EAA/NBR TPV 的撕裂强度-应变曲线

　　图 3-38 是撕裂模式下 EAA/NBR TPV 的单轴循环强度-应变曲线。从图 3-38 中可以看出，当应变相同时，第二次加载-卸载循环过程中的最大撕裂强度明显减小，之后则缓慢降低；加载-卸载曲线存在明显的差异，卸载完成后仍然存在部分残余形变。当加载-卸载过程中的应变超过之前的最大应变时，应力软化现象更加显著，表明 TPV 材料存在着明显的 Mullins 效应。

　　图 3-39 为不同撕裂应变下的单轴循环次数对 EAA/NBR TPV 最大撕裂强度的影响曲线。从图 3-39 中可以看出，最大撕裂强度随着应变的增加明显上升，但在相同的撕裂应变下，最大撕裂强度随着循环次数的增加而明显减小，表现出明显的应力软化现象即 Mullins 效应。

　　不同撕裂应变下循环次数对 EAA/NBR TPV 瞬时残余形变的影响曲线如图 3-40 所示。瞬时残余形变存在于每次加载-卸载过程中，这是由于撕裂模式下的

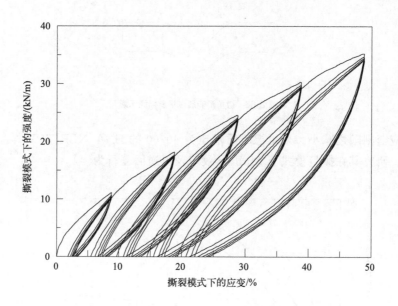

图 3-38　撕裂模式下 EAA/NBR TPV 的单轴循环强度-应变曲线

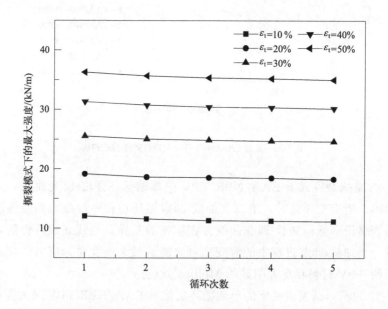

图 3-39　不同撕裂应变下的单轴循环次数对 EAA/NBR TPV 强度的影响曲线

加载过程中 EAA 树脂相会发生取向，而卸载过程中由于内部摩擦等原因难以自发解取向，仍然存在部分取向态而无法完全回复，从而产生瞬时残余形变，并且残余形变随着撕裂应变的增大以及循环次数的增加而逐渐增大。

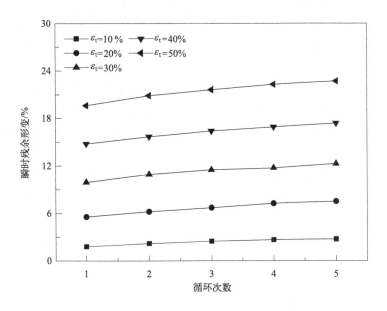

图 3-40　不同撕裂应变下循环次数对 EAA/NBR TPV 瞬时残余形变的影响曲线

图 3-41 是不同撕裂应变下的单轴循环次数对 EAA/NBR TPV 内耗值的影响曲线。从图 3-41 中可见，在同一应变下的第一次加载-卸载循环中产生了最大的内耗值，在第一次加载-卸载过程中 EAA 树脂相发生塑性形变并导致能量消耗，产生相对较大的滞后圈与能量损失，因而内耗值较高。但在随后的循环过程中，同一应变

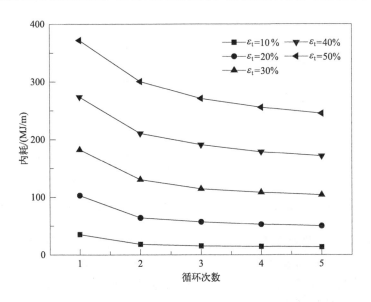

图 3-41　在不同撕裂应变下的单轴循环次数对 EAA/NBR TPV 内耗值的影响曲线

下的 EAA 塑性形变没有完全回复，仅需相对较小的作用力就能达到相同的应变水平，因而内耗值较小。需要指出的是，当增大应变的时候，撕裂试样将会产生更大的形变，TPV 中尤其是基体树脂相分子间的滑移需要克服更多内摩擦阻力，因而内耗值显著提高。

值得注意的是，对比可以发现，撕裂模式下的内耗值远比拉伸模式及压缩模式下的内耗值大。这是由于在撕裂模式下测试时需施加更大力来克服分子链段之间运动产生的内摩擦阻力，能量消耗大，所以拉伸模式及压缩模式下的内耗值远小于撕裂模式下的内耗值。

图 3-42 是在不同撕裂应变下 EAA/NBR TPV 的单轴循环次数对应力软化因子的影响曲线，图 3-43 则是在不同撕裂应变下 EAA/NBR TPV 的单轴循环次数对阻尼因子（tanδ）的影响曲线。从图 3-42 可以看出应力软化因子在应变最小以及循环次数最多时达到最大值，其原因在于当应变较小时材料已发生部分软化，后续增大应变时应力软化效应相对减弱；在相同应变下，随着循环次数的增多，软化现象趋于显著。从图 3-43 中可以看出，阻尼因子随应变的增大而增大，但是随着循环次数的增加，阻尼因子反而减小。

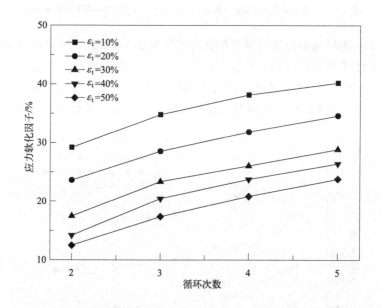

图 3-42　在不同撕裂应变下 EAA/NBR TPV 的单轴循环次数对应力软化因子的影响曲线

Mullins 效应在热处理条件下具有一定的可逆回复性。为了研究 Mullins 效应的可逆回复程度，可通过对比热处理前后曲线的靠近程度以及最大撕裂强度、永久变形的大小来进行表征。图 3-44 显示了不同温度热处理后撕裂模式下 EAA/NBR TPV 第二次单轴循环强度-应变曲线。

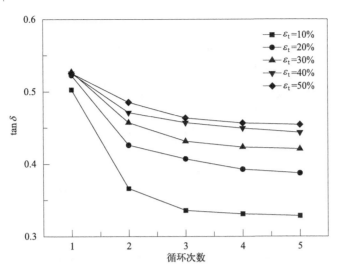

图 3-43　在不同撕裂应变下 EAA/NBR TPV 的单轴循环次数对阻尼因子（tan δ）的影响曲线

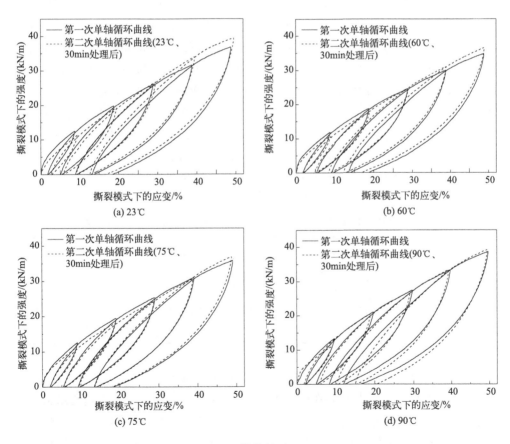

(a) 23℃

(b) 60℃

(c) 75℃

(d) 90℃

图 3-44

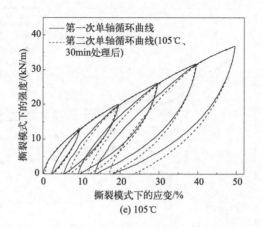

图 3-44　不同温度热处理后撕裂模式下 EAA/NBR TPV 第二次单轴循环强度-应变曲线

对比图 3-44 中的曲线可见，在室温（23℃）时第二次测试曲线与第一次差异明显，且在应变最大时的最大撕裂强度明显高于第一次测试时的强度，这是因为经过第一次撕裂测试之后试样存在较大残余应变，在室温下不能得到彻底回复，样品仍存在一定取向；在相同应变水平下进行第二次撕裂测试时，需克服更大的阻力，导致最大撕裂强度的增大。随着热处理温度的提高，第一次测试后试样的残余形变能够得到较为充分的回复，最大撕裂强度更接近首次的强度值。当热处理温度设置为接近EAA 树脂相的熔点 105℃时，热处理前后曲线的最大撕裂强度则几乎一致，表明在 105℃时的可逆回复效果最好。表 3-13 显示了不同热处理温度下 EAA/NBR TPV 在撕裂模式下的永久变形数据。表 3-13 中撕裂永久变形数据与可逆回复曲线的观察结果趋于一致，进一步说明了热处理温度对可逆回复程度的重要性。

表 3-13　不同热处理温度下 EAA/NBR TPV 在撕裂模式下的永久变形数据

热处理温度/℃	撕裂永久变形 K/%
23	8.0
60	4.0
75	3.0
90	2.0
105	0.5

可见，在撕裂模式下 EAA/NBR TPV 体系中可以观察到明显的 Mullins 效应，且随着应变的增大，最大撕裂强度、瞬时残余形变、内耗及 tanδ 均随之增大，但应力软化因子则随着应变的增大而减小。EAA/NBR TPV 在热处理条件下的 Mullins 效应的可逆回复程度随热处理温度的提高而逐渐增强，且在 105℃时即该 EAA 树脂熔点附近，可逆回复效果达到了最佳。

3.4 热塑性硫化胶压缩应力松弛及其可逆回复行为

应力松弛是指黏弹性材料在恒定的温度和应变条件下，应力随时间的延长而逐渐衰减的现象，是高分子材料黏弹性行为的主要表现形式之一，也是橡胶制品的重要性能指标。对具有"海-岛"结构的 EAA/NBR TPV 的应力松弛及其可逆回复行为进行研究，采用麦克斯韦（Maxwell）模型对 TPV 的应力松弛行为曲线进行拟合，定量表征压缩应力松弛行为，研究 TPV 应力松弛行为及其可逆回复的影响因素，这对于 TPV 性能调控及对黏弹性行为的理解和调控具有重要价值。

压缩应力松弛根据 GB/T 1685—2008《硫化橡胶或热塑性橡胶　在常温和高温下压缩应力松弛的测定》进行测试，圆柱形 TPV 试样初始高度为 h_0，以 5mm/min 的压缩应变速率，在其表面施加一定应变至其高度为 h_s；之后维持样品的高度不变，在室温下测试其应力松弛行为，松弛时间为 10min。在测试试样压缩应力松弛可逆回复行为的时候，先对试样进行第一次压缩应力松弛测试，记录应力与时间关系曲线，同时读取最大压缩应力 σ_{1max}。当测试完成后，将试样取出并置于特定温度对其进行热处理，之后冷却至室温，测出此时样品高度 h_1；然后，对试样进行第二次压缩应力松弛测试，记录应力与时间的关系曲线，读取最大压缩应力 σ_{2max}。将两次应力松弛的曲线进行对比，通过观察两条曲线的靠近程度，定性表征应力松弛可逆回复程度。通过对试样的压缩永久变形（K）和最大应力回复率（η）的计算，定量表征其可逆回复的程度。当 K 越小、η 越大时，试样压缩应力松弛的可逆回复程度越高，此时两条曲线的吻合性也越好。

试样的压缩永久变形（K）计算公式如式（3-5）所示。

$$K = \frac{(h_0 - h_1)}{(h_0 - h_s)} \times 100\%$$ (3-5)

试样的最大应力回复率（η）计算公式如式（3-6）所示。

$$\eta = \frac{\sigma_{2max}}{\sigma_{1max}} \times 100\%$$ (3-6)

图 3-45 是系列橡塑比的 EAA/NBR TPV 的应力-应变曲线。从图 3-45 中曲线的对比可见，系列 EAA/NBR TPV 的应力-应变曲线均呈现出典型弹性体的"软而韧"的特性，且在 EAA/NBR 质量比为 40/60 时综合性能较好，此时 TPV 具有相对较高的拉伸强度和最大的扯断伸长率。

图 3-46 是 50% 压缩应变下系列 EAA/NBR TPV 的压缩应力松弛曲线。从图 3-46 可见，随 EAA 树脂相含量的提高，其应力松弛行为趋于显著。从图 3-46 中可以明显地看出，整个应力松弛的过程可以分为三个阶段：第一阶段为快速应力松弛阶段，在此阶段应力松弛速度最快，在短时间内发生显著下降，这是由于在松弛前期样品存在较大塑性形变，且交联网络结构变形严重，分子易发生滑移，导致应力

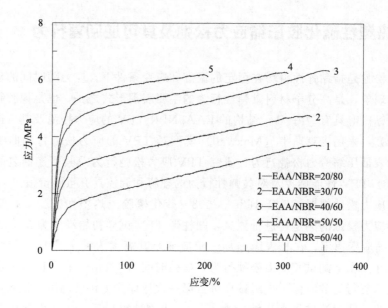

图 3-45 系列橡塑比的 EAA/NBR TPV 的应力-应变曲线

松弛速度较快；第二阶段为缓慢松弛阶段，虽然上一阶段大部分应力已衰减，但仍残存一定应力，大分子内摩擦力较大，导致应力松弛速度较慢；第三阶段为平坦阶段，随着时间的延长，应力松弛的驱动力减弱，应力变化不大，仅有轻微下降。

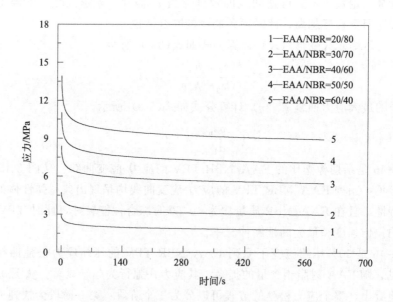

图 3-46 50%压缩应变下系列 EAA/NBR TPV 的压缩应力松弛曲线

为了表征压缩应力松弛行为，通常采用压缩应力松弛率进行描述，计算公式如式(3-7) 所示。

$$\Delta\sigma = \frac{\sigma_0 - \sigma_s}{\sigma_0} \times 100\% \tag{3-7}$$

式中　　$\Delta\sigma$——压缩应力松弛率，%；

　　　　σ_0——初始应力，MPa；

　　　　σ_s——剩余应力，MPa。

表 3-14 是 50% 压缩应变下系列 EAA/NBR TPV 的压缩应力松弛数据。对比可见，随着 EAA 树脂相的增多，其初始压缩应力及剩余压缩应力均显著提高，但压缩应力松弛率仅略有提高。EAA/NBR TPV 属于典型的"海–岛"结构，其应力松弛行为主要是由树脂相决定的，树脂相内部分子链段间存在着较大内应力，松弛速度快，而交联橡胶相的松弛速率远不及树脂相。

表 3-14　50% 压缩应变下系列 EAA/NBR TPV 的压缩应力松弛数据

EAA/NBR 质量比	初始压缩应力/MPa	剩余压缩应力/MPa	压缩应力松弛率/%
20/80	2.92	1.90	34.93
30/70	4.63	3.00	35.21
40/60	8.38	5.40	35.56
50/50	11.03	7.08	35.81
60/40	13.92	8.89	36.14

由于 TPV 样品的应力松弛具有一定的可逆性，所以对经过一次压缩后的试样在特定热处理条件下处理后，进行第二次压缩应力松弛的测试，通过对比两次压缩应力松弛曲线的靠近程度来判定热处理条件对其可逆回复行为的影响。图 3-47 显示了热处理温度对 EAA/NBR TPV 的压缩应力松弛可逆回复的影响。图 3-47 中采用的 EAA/NBR 质量比为 40/60，压缩应变为 50%。将首次测试后的压缩应力松弛试样进行热处理，然后再次进行应力松弛测试，通过对不同温度下的可逆回复曲线进行观察发现，随着温度升高，两次可逆回复曲线靠近程度也越明显。当热处理温度达到 105℃时，两次压缩应力松弛曲线的重合度最高，热处理温度升高，体系中树脂相内部的分子运动能力增强，回复力提高。当温度升高到接近该 EAA 树脂相熔点时，可逆回复效果达到了最佳。

表 3-15 是在 50% 压缩应变下，EAA/NBR 质量比为 40/60 时，不同热处理温度对 EAA/NBR TPV 的压缩永久变形（K）和最大应力回复率（η）的影响。从表 3-15 中可以看出，当热处理温度较低时，样品的 K 值较高、η 值较低，这是因为样品内的分子运动需要克服较大阻力，应力松弛可逆回复的程度较差。而当温度升高至该 EAA 树脂相的熔点附近时，其热处理前后的压缩永久变形趋近于零，最

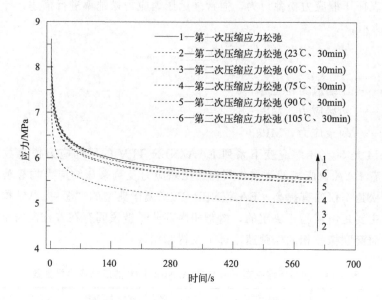

图 3-47 热处理温度对 EAA/NBR TPV 的压缩应力松弛可逆回复的影响

大应力回复率接近 100%，表明适当的热处理对压缩应力松弛的回复有着重要影响。

表 3-15 不同热处理温度对 EAA/NBR TPV 的压缩永久变形和最大应力回复率的影响

参数	23℃	60℃	75℃	90℃	105℃
$K/\%$	13.60	5.89	5.44	2.41	0.41
$\eta/\%$	88.23	97.55	98.96	99.01	99.43

应力松弛现象是材料黏弹性的主要表现形式之一。应力松弛产生的原因除了与热处理温度有关外，压缩应变及热处理时间也会对其产生一定影响。图 3-48 显示了不同压缩应变下 EAA/NBR TPV 的压缩应力松弛曲线。图 3-49 显示了不同热处理时间测得的压缩应力松弛的可逆回复曲线。从图 3-48 中可以看出，当压缩应变从 10% 增加到 50% 时，试样的初始应力及剩余应力均逐渐增大，这说明应变越大，应力松弛现象越显著。图 3-49 则是在 30min、60min、90min 热处理时间下测得的压缩应力松弛可逆回复曲线，对图 3-49 中的曲线进行对比发现，热处理时间越长，取向后分子链的回复程度越好，残余内应力也越小，可逆回复程度更为显著。

为了进一步解释不同热处理条件下的压缩应力松弛的可逆回复，根据"海-岛"结构的 TPV 提出图 3-50 的核-壳模型，图 3-50 显示了 TPV 压缩应力松弛可逆回复的微观机制模型。高分子材料的应力松弛的本质就是分子链沿外力方向运动以减少

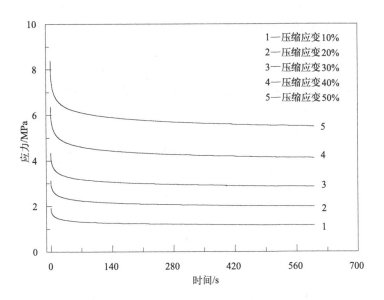

图 3-48　不同压缩应变下 EAA/NBR TPV 的压缩应力松弛曲线

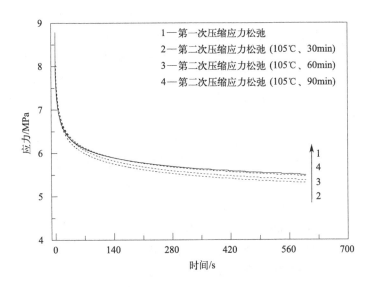

图 3-49　不同热处理时间下测得的压缩应力松弛的可逆回复曲线

应力的过程，主要受材料本身特性以及所处环境因素影响。在室温条件下进行压缩应力松弛测试时，由于温度远达不到该 EAA 树脂相的熔点（T_m），树脂相中的大分子内摩擦很大，在施加应力时容易发生取向过程，当开始松弛测试时，解取向难以自发进行。另外，由于施加应力时橡胶粒子外围的树脂相受力不均，取向程度也有差异。图 3-50（b）中阴影部分由于受力最大，取向程度最高，形变也大。此外，由于 TPV 中橡胶相与树脂相的界面相互作用，树脂相将应力传递到橡胶相致使橡胶相也会产生变形。但由于橡胶相为交联网络结构，分子链难以滑移，在特定的压缩应变下，TPV 体系的应力难以通过分子滑移而彻底衰减，残余应力不会降到零，随着应力松弛时间的延长，应力-时间曲线逐渐趋于平缓。

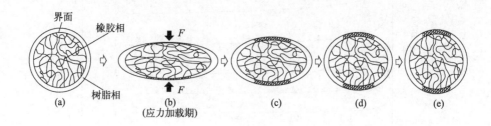

图 3-50　TPV 压缩应力松弛可逆回复的微观机制模型

当卸载时，试样处于自由状态。在热处理条件下，树脂相的取向容易发生解取向，且此时橡胶相的变形程度最大，会立即产生强力回复作用，同时通过界面作用带动树脂相一起发生快速回复，属于第一阶段的快速回复阶段，如图 3-50(b)、图 3-50(c) 所示。图 3-50(c)、图 3-50(d) 的过程即为应力松弛过程中的缓慢回复阶段，在这一阶段中由于大部分变形已经回复，橡胶相的回弹力也减小，树脂相的解取向也基本完成，此时回复速度减慢。最后阶段称为应力松弛过程中的平坦阶段，此阶段橡胶相的变形几乎已经完全回复，此时回复的驱动力主要是树脂相的解取向，但其解取向已经接近完成，在微观机制模型图中表现为如图 3-50(d)、图 3-50(e) 所示。

为了深入阐述 EAA/NBR TPV 压缩应力松弛可逆回复的机制，采用广义的 Maxwell 模型研究其回复机理，并对其可逆回复曲线进行拟合处理，如式(3-8) 所示。

$$\sigma(t) = \sigma_0 + \sigma_1 e^{-t/\tau_1} + \sigma_2 e^{-t/\tau_2} + \sigma_3 e^{-t/\tau_3} \tag{3-8}$$

式中　　σ_0——应力松弛的初始应力，MPa；
σ_1，σ_2，σ_3——应力松弛的三个阶段的应力，MPa；
τ_1，τ_2，τ_3——应力松弛的三个阶段的松弛时间，s。

利用式(3-8) 对图 3-46 中数据进行拟合处理。图 3-51 是 50％压缩应变下系列 EAA/NBR TPV 的压缩应力松弛的拟合曲线：实线代表拟合前曲线，而虚线代表经过式(3-8) 拟合后曲线。从图 3-51 中可以发现拟合前后的曲线几乎完全重合，表明利用式(3-8) 可以很好地描述其应力松弛过程。

表 3-16 显示了系列 EAA/NBR TPV 压缩应力松弛-时间曲线的拟合数据。从表 3-16 中可以看出其初始应力 σ_0 随着树脂相含量的增多而逐渐升高，这与图 3-46

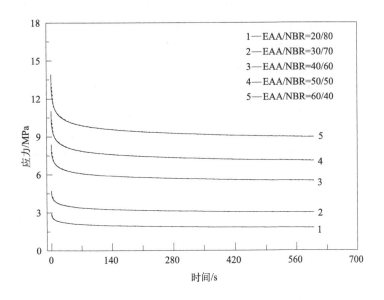

图 3-51　50%压缩应变下系列 EAA/NBR TPV 的压缩应力松弛的拟合曲线

中压缩应力松弛曲线数据相吻合，说明拟合前后曲线均能正确反映树脂相含量与应力大小的关系，而且不同橡塑比 TPV 的应力值 σ_1、σ_2、σ_3 也符合这一规律。但随着树脂相含量的提高，体系的刚性增强，弹性减小，τ_1、τ_2、τ_3 均呈现降低趋势。在压缩应力松弛的过程中，存在诸多因素的影响，其中包括不同橡塑比 TPV 中橡胶相粒子的大小、树脂相含量、界面相互作用等复杂因素。但是，TPV 体系表现出的刚性和高弹性则是最主要影响因素。

表 3-16　系列 EAA/NBR TPV 压缩应力松弛-时间曲线的拟合数据

EAA/NBR TPV(质量比)	σ_0/MPa	σ_1/MPa	τ_1/s	σ_2/MPa	τ_2/s	σ_3/MPa	τ_3/s
20/80	1.76	0.35	35.93	0.35	4.04	0.39	290.11
30/70	2.95	0.50	31.66	0.64	3.50	0.49	267.71
40/60	5.44	0.81	27.65	1.08	3.00	0.79	250.22
50/50	7.02	1.52	25.35	1.11	2.61	1.04	246.26
60/40	8.86	1.80	22.70	2.06	2.56	1.25	238.74

3.5　热塑性硫化胶压缩永久变形及其可逆回复行为

TPV 自商业化生产以来，已经在汽车、建筑、家用设备、电缆、医疗器械等领域得到大规模推广与应用。但到目前为止，TPV 仍普遍存在着橡胶质感差、永久变形偏大及硬度偏高等缺点，影响了其推广。De Risi 研究了交联剂含量、橡塑比、压缩温度、增强体等对 PP/EPDM TPV 压缩永久变形的影响。Vennemann 发现提高 EPDM 交联密度可以显著降低 PP/EPDM TPV 的压缩永久变形。但到目前为止，关于 TPV 压缩永久变形及其可逆性回复的报道仍很少。

硫化橡胶在压缩时会发生物理和化学变化。当压缩力去除后，这些变化阻碍橡胶回复到其初始状态，并由此导致永久变形的产生。压缩永久变形的大小往往取决于压缩状态及回复时的温度与时间。通常在高温条件下，化学变化是导致橡胶发生压缩永久变形的主要原因；而在低温下，玻璃态的硬化和结晶则是其形成的主要影响原因，且当温度回升后，这些作用会消失。对于传统硫化橡胶，压缩永久变形主要取决于其交联密度，但 TPV 大多具有"海-岛"型特殊结构。其压缩永久变形不仅与橡胶相的交联密度有关，还取决于基体树脂相的性质，使得其与传统硫化橡胶的压缩永久变形的可逆回复存在差异。

以系列动态硫化 ABS/NBR 共混型体系作为研究对象，研究了橡塑比和热处理条件对 TPV 压缩永久变形可逆回复的影响，在此基础上探讨其回复机制，通过对数据的拟合，采用 Maxwell 模型对压缩永久变形可逆回复过程进行了描述。

测量柱状试样初始高度 h_0（在压缩后样品可逆回复的温度条件下进行测试）时借鉴标准 GB/T 7759.1—2015《硫化橡胶或热塑性橡胶 压缩永久变形的测定 第 1 部分：在常温及高温条件下》，压缩率设定为 20%。

压缩永久变形 C 以初始压缩的百分数来表示，按式(3-9)计算：

$$C = \frac{h_0 - h_1}{h_0 - h_s} \times 100\% \qquad (3-9)$$

式中　h_0——试样初始高度，mm；

　　　h_1——试样恢复后的高度，mm；

　　　h_s——限制器高度，mm。

计算结果精确到 1%。

3.5.1　系列 ABS/NBR 动态硫化体系压缩永久变形的可逆回复行为

图 3-52 是不同热处理温度下系列 ABS/NBR 动态硫化体系压缩永久变形-时间关系曲线。从图 3-52 中曲线的变化趋势可以看出压缩永久变形的可逆回复过程。从图 3-52(a) 可见，在室温条件下，压缩后试样的压缩永久变形在 100min 内的可逆回复相对较快，之后则趋于缓慢降低。还可以看出，随着橡塑比的增加，压缩永久变形的可逆回复显著加快，且压缩永久变形的初始值和最终残余值呈明显下降趋势，这是橡胶相的弹性回复能力增强所致。图 3-52(b)～(d)分别是在 80℃、100℃与 120℃的热处理条件下测试的 TPV 压缩永久变形-时间关系曲线。通过对比可以

看出，在热处理条件下的残余压缩永久变形明显减少，表现出明显增强的变形可逆回复。值得注意的是，当热处理温度达到 120℃时，不同橡塑比的 TPV 的压缩永久变形几乎达到了完全可逆回复的程度。

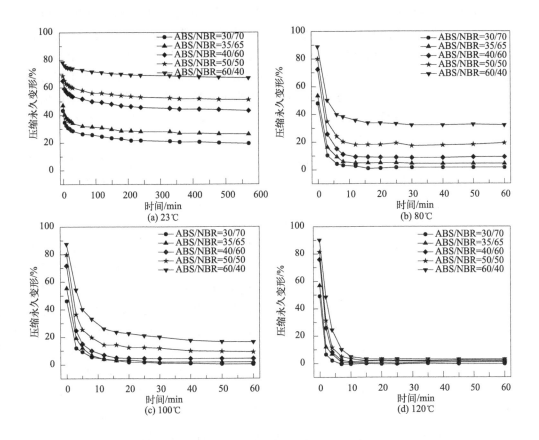

图 3-52　不同热处理温度下系列 ABS/NBR 动态硫化体系压缩永久变形-时间关系曲线

一般来说，对于处于玻璃态的非晶态塑料在室温条件下冷拉产生的塑性形变，在室温条件下是不能回复的，通常需要升温至玻璃化转变温度 T_g 附近才能使其变形可逆回复。需要指出的是，图 3-52（b）与图 3-52（c）的热处理温度虽然略低于该 ABS 的 T_g（125℃），但压缩永久变形仍能得以快速且较大程度回复。这表明虽然 ABS 为 TPV 的连续相，但是 TPV 体系中 NBR 分散相粒子的弹性回复作用加速了压缩永久变形的可逆回复过程。

3.5.2　ABS/NBR TPV 压缩永久变形可逆回复机制

从图 3-52 中压缩永久变形可逆回复的变化趋势可以看出，TPV 压缩永久变形的可逆回复可分为三个阶段：快速回复期、缓慢回复期及平坦期。

为了更好地阐述 TPV 压缩永久变形的可逆回复过程，在核-壳结构 TPV 模型的基础上，借鉴图 3-50，对压缩永久变形及其可逆回复进行阐述，球形粒子代表 NBR 硫化胶粒子，其外壳为基体 ABS 树脂相。

高分子材料在一定的条件下处于一定的分子运动状态，改变条件就能改变分子运动状态。这种分子运动状态的改变在动力学上称为松弛，伴随着松弛，高分子材料的物理性质发生了急剧转变。当对 TPV 进行压缩时，其树脂相和橡胶相中的分子构象均发生相应转变。一方面，对于基体 ABS，在室温压缩时，由于压缩时温度远低于其 T_g，ABS 中分子运动的内摩擦力很大，压缩时导致分子发生的取向在外力去除后难以自发发生解取向。另一方面，在压缩过程中，ABS 树脂相所发生的取向程度也并不一致，图 3-50 中橡胶粒子上下面的树脂相〔如图 3-50（b）阴影部分〕由于受力最大，产生的塑性形变也因而较大，取向程度较高。对于硫化胶粒子，在 TPV 受到压缩时，树脂相发生形变时也将压力通过界面传递给橡胶相，从而带动其随之发生形变，且形变较大。由于橡胶相为交联结构，分子链间不能滑移，所以应力不会松弛到零，只能松弛到某一数值。

当压缩后试样从夹具中取出后，其即处于自由状态，由于橡胶相在压缩过程中发生较大形变，从而产生强的回弹力，且在橡胶相发生弹性回复的同时，通过界面作用带动发生塑性形变的树脂相也产生一定的回复。图 3-50（b）中阴影部分树脂相的塑性形变最大，受到橡胶粒子传递的回复拉动作用也强，因而这部分形变的回复较快，这是可逆回复第一个阶段最主要的回复，如图 3-50（b）和图 3-50（c）所示。在缓慢回复阶段，如图 3-50（c）、图 3-50（d）所示，橡胶相在弹性回复的过程中，回弹力随着橡胶相形变的减少而逐渐减弱。另外，图 3-50（c）中阴影部分的取向度也会随着压缩永久变形的回复而降低，从而导致形变回复减缓。在形变回复的第三阶段，橡胶相的形变大部分已得到回复，此时压缩永久变形的回复主要是图 3-50（d）中非阴影部分的树脂相的解取向而导致的回复（这种方式的解取向贯穿于压缩永久变形回复的全过程，但在变形可逆回复的前两个阶段对回复贡献较小），如图 3-50（d）和图 3-50（e）所示。

在相同的温度下，树脂相较多时，TPV 的压缩永久变形回复较慢且残余形变较大。这主要是因为当树脂相含量较高时，发生解取向与塑性形变的回复所需要外力较高，加之橡胶相含量较低，产生的弹性回复力也较弱，导致压缩永久变形的回复减慢且残余形变较大。

对于同一样品，压缩后的热处理温度越高，压缩永久变形回复越快且残余压缩永久变形越小。首先，当热处理温度较高时，橡胶相的弹性模量增加，此时橡胶相产生的回弹力增强，传递给树脂相的回复力也相应增加；其次，由于温度升高，基体树脂相的分子间的运动更容易，解取向容易发生，变形可逆回复的驱动力增大，这二者共同作用，加速了压缩永久变形的可逆回复。

3.5.3　ABS/NBR TPV 压缩永久变形可逆回复模型拟合

广义 Maxwell 模型是描述高分子材料黏弹行为的常用模型。一般是用来说明应力、模量随时间的变化规律，结合对 TPV 压缩永久变形的可逆回复机制的探讨，探讨广义 Maxwell 模型对 TPV 压缩永久变形可逆回复过程的描述，如式（3-10）所示。

$$K(t)=k_1 \mathrm{e}^{-t/\tau_1}+k_2 \mathrm{e}^{-t/\tau_2}+k_3 \mathrm{e}^{-t/\tau_3}+k_0 \tag{3-10}$$

式中　　　K——表示瞬时压缩永久变形，%；

τ_1，τ_2，τ_3——分别代表可逆回复三个阶段的松弛时间，min；

k_1，k_2，k_3——分别代表可逆回复中各阶段所占比例，%；

k_0——为实验条件下的压缩永久变形的不可逆部分，%。

根据式（3-10），对图 3-52 中数据进行拟合处理。结合前面构建的 TPV 压缩永久变形可逆回复物理模型，采用式（3-10）对图 3-52 中的测试数据进行拟合，图 3-53 显示了 ABS/NBR 动态硫化体系的压缩永久变形回复的拟合曲线，其中图符为实测数据点，而虚线则为采用式（3-10）拟合出的曲线。可以看出，该数学模型可以很好地描述压缩永久变形的可逆回复过程。

拟合过程所获得的各参数的数值见表 3-17～表 3-20。其中，表 3-17 显示了室温下 ABS/NBR 动态硫化体系压缩永久变形回复拟合数据。表 3-18 显示了 80℃下 ABS/NBR 动态硫化体系压缩永久变形回复拟合数据。表 3-19 显示了 100℃下 ABS/NBR 动态硫化体系压缩永久变形回复拟合数据，而表 3-20 则显示了 120℃下 ABS/NBR 动态硫化体系压缩永久变形回复拟合数据。

从表 3-17～表 3-20 中可见，对于同一体系，其压缩永久变形回复的 τ_1、τ_2 和 τ_3 依次增加，表明压缩永久变形的三个阶段的回复所需时间依次增多，这与图 3-50 中模型是一致的。随着橡塑比的降低，k_0 增大；但提高热处理温度时，k_0 大幅度降低，表明不可逆部分减少。对于不同橡塑比及不同热处理条件下的样品的 τ_1、τ_2 和 τ_3 值，数据波动未发现明显的规律性，这可能是形变回复过程中的复杂因素所致。在室温条件下，取向的基体难以发生解取向，并成为 TPV 变形可逆回复的阻碍，可逆回复的动力主要来源于橡胶相的弹性回复作用。但在升温尤其靠近基体 T_g 的条件下，经压缩取向的基体在热处理条件下却容易发生解取向，并为 TPV 形变回复提供了新的驱动力，而且温度提高，也使得橡胶相的回复力增强以及 TPV 两相之间界面强化，最终使得体系的可逆回复部分明显增多。对于不同橡塑比的 TPV，其橡胶粒子尺寸和树脂层厚度存在差异，且在不同热处理条件下进行测试，基体的解取向容易程度、可逆回复各段基体的解取向度、TPV 的界面作用以及橡胶相的弹性回复力也存在差异。这些复杂的因素共同影响了可逆回复各阶段所占比例及松弛时间，并导致规律性不显著。

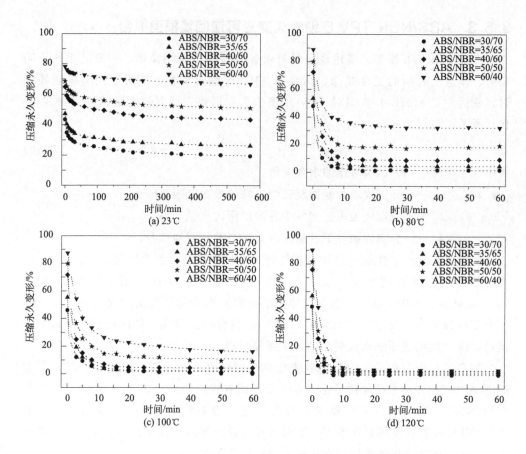

图 3-53　ABS/NBR 动态硫化体系的压缩永久变形回复的拟合曲线

表 3-17　室温下 ABS/NBR 动态硫化体系压缩永久变形回复拟合数据

ABS/NBR(质量比)	$k_0/\%$	$k_1/\%$	$\tau_1/\min$	$k_2/\%$	$\tau_2/\min$	$k_3/\%$	$\tau_3/\min$
30/70	19.43	5.84	1.61	7.94	12.10	10.22	163.89
35/65	25.76	5.02	2.07	7.89	17.29	8.52	199.38
40/60	43.34	3.08	1.00	6.25	10.64	12.27	155.82
50/50	50.65	4.00	5.02	5.07	27.42	8.87	203.16
60/40	65.38	2.84	4.69	3.66	74.62	6.34	404.93

表 3-18　80℃下 ABS/NBR 动态硫化体系压缩永久变形回复拟合数据

ABS/NBR(质量比)	$k_0/\%$	$k_1/\%$	$\tau_1/\min$	$k_2/\%$	$\tau_2/\min$	$k_3/\%$	$\tau_3/\min$
30/70	1.50	17.22	1.25	17.24	1.26	12.03	4.06
35/65	4.60	15.00	0.05	15.29	2.50	18.62	3.19
40/60	8.88	13.64	0.01	24.96	2.46	25.01	3.14

ABS/NBR(质量比)	$k_0/\%$	$k_1/\%$	$\tau_1/\min$	$k_2/\%$	$\tau_2/\min$	$k_3/\%$	$\tau_3/\min$
50/50	18.13	11.59	0.01	25.20	2.62	25.21	2.83
60/40	32.18	13.92	1.86	29.80	1.87	13.01	8.58

表 3-19　100℃下 ABS/NBR 动态硫化体系压缩永久变形回复拟合数据

ABS/NBR(质量比)	$k_0/\%$	$k_1/\%$	$\tau_1/\min$	$k_2/\%$	$\tau_2/\min$	$k_3/\%$	$\tau_3/\min$
30/70	1.87	14.78	0.09	14.64	3.29	14.65	3.38
35/65	2.30	17.89	0.06	17.57	4.30	17.57	4.30
40/60	4.35	22.47	1.68	22.48	1.69	22.35	5.28
50/50	11.10	23.68	0.30	22.51	5.12	22.51	5.21
60/40	13.61	40.89	3.60	17.32	3.61	15.74	7.03

表 3-20　120℃下 ABS/NBR 动态硫化体系压缩永久变形回复拟合数据

ABS/NBR(质量比)	$k_0/\%$	$k_1/\%$	$\tau_1/\min$	$k_2/\%$	$\tau_2/\min$	$k_3/\%$	$\tau_3/\min$
30/70	0.01	15.52	0.02	15.51	0.55	18.47	1.93
35/65	0.33	17.35	0.03	17.34	1.03	21.71	2.41
40/60	1.39	24.86	1.74	24.86	1.75	24.86	1.76
50/50	2.27	26.46	1.94	26.46	1.95	26.46	1.96
60/40	2.85	29.26	2.91	29.26	2.92	29.26	2.93

可以看出，提高热处理温度可大幅度加速压缩永久变形的可逆回复，且在 T_g 附近时压缩永久变形可接近实现完全可逆，式(3-10) 的数学模型可以较好地描述压缩永久变形可逆回复的各个阶段所占比例及各段松弛时间，这将为压缩永久变形可逆回复的深入研究提供依据。采用 Maxwell 模型对压缩永久变形可逆回复过程进行描述，可以对可逆回复的三个阶段的松弛时间、可逆回复的比例和不可逆部分进行定量表征。

第 4 章

基于热塑性硫化胶的超疏水超亲油材料

自然界中雨后荷叶上滚圆的水珠时常会引起人们的无限遐想,清晨树叶上被朝阳点亮的露珠也令人惊叹大自然的神奇;而在江河湖泊的水面上可以灵活移动的水黾,更让人在惊叹之余感到一丝神秘。超疏水表面在自然界的动植物领域中有着广泛应用,而荷叶表面的超疏水现象就是典型的研究案例。

图 4-1 所示为水滴在荷叶表面的接触角和滚动角。其中,水滴静止时其边缘与固体表面的夹角,被称为水接触角（water contact angle,WCA）;而当水滴在倾斜表面发生滚动时,其表面的倾角则被称为滚动角（sliding angle,SA）。荷叶表面具有超过 160°的接触角和小于 3°的滚动角,表现出极佳的超疏水行为。

图 4-1　水滴在荷叶表面的接触角和滚动角

对于水滴与不同润湿性固体表面接触后的铺展情况,通常根据接触角 θ 的不同进行分类,水滴稳定后,$90° \leqslant \theta < 150°$的表面为疏水表面,$150° \leqslant \theta < 180°$的表面是具有超疏水性能的表面。通常认为,$120° \leqslant \theta < 150°$的表面属于疏水性良好的表面,而超疏水表面在满足 $150° \leqslant \theta < 180°$的同时,其 SA 应当小于 10°。从直观的角

度来看，超疏水表面就是指水滴能在其上保持球形而不铺展，同时极易发生滚动的表面。

自然界中诸多奇妙的自然现象为科学的发展和进步提供了灵感和借鉴，通过对自然界的观察和研究，人们研制出了许多具有特殊功能的新材料。自然界中存在许多具有超疏水行为的材料，如水黾、荷叶、壁虎脚掌、玫瑰花瓣、蝴蝶翅膀及水稻叶片等。Barthlott 和 Neinhuis 研究了多种植物叶片后认为，具有超疏水性能的叶片表面通常具有大量微米尺度（5～9μm）的乳突状结构；进一步的研究表明，荷叶表面存在微-纳米的多级结构，在荷叶表面乳突上面还附有大量尺寸在 120nm 左右的纤毛，并与乳突共同组成了具有微-纳米多级结构的粗糙表面。该表面具有极小的黏附作用，且水滴极易滑落而具有自清洁行为，在学术上称为"荷叶效应"。

常见的超疏水表面的制备方法包括多步法和单步法。其中，多步法是指先构建粗糙表面，之后再用低表面能物质进行修饰。单步法则是指仅改变表面粗糙度或仅采用低表面能物质修饰表面。在多步法制备中，可先采用化学及电化学加工、电火花加工、升华、激光微加工、物理化学气相沉积、平版印刷、3D 打印和等离子体处理等方式获得粗糙表面，之后再用低表面能涂层对其进行表面改性；采用单步法制备超疏水表面的常用方法有光刻蚀、3D 打印、静电纺丝、等离子体处理和模板法等。

采用模板法制备超疏水材料具有操作简单、重复性强、疏水性能可靠等突出优点，有望实现工业化的大规模生产和应用。采用具有不同尺寸的多孔膜作为模板，通过模压成型即可在样品表面获得与模板结构互补的粗糙表面。Jiang 等采用阳极氧化铝作为模板，在聚丙烯腈（PAN）表面获得了纳米阵列结构，制备出具有超疏水性能的表面。Feng 等采用阳极氧化铝作为模板，通过挤压成型制备出基于聚乙烯醇的超疏水材料。Zhang 等以聚苯乙烯纳米微球为模板，在玻璃基片上制备出具有较大面积的氧化锌超疏水薄膜。Yuan 以玫瑰花瓣为模板，制备出静态接触角为 154°的基于聚二甲基硅氧烷（PDMS）的超疏水表面。

4.1 基于金相砂纸模板 HDPE/EPDM TPV 超疏水超亲油表面

以具有适当粒径和磨粒分布的价格低廉的金相砂纸为模板，将其与预热后的 TPV 模压，之后降温并剥离掉砂纸，可望获得超疏水表面。图 4-2 为不同金相砂纸模压后 HDPE/EPDM（质量比 50/50）TPV 表面与水的静态接触角。从图 4-2 中可见，在砂纸表面磨料粒径相当的情况下，采用上砂牌 W10 型砂纸模压后的 TPV 表面具有更为优异的疏水效果。图 4-2(b) 中模压后 TPV 表面与水的静态接触角可达 153°，而图 4-2(a) 中采用 Horse 牌 W10 型砂纸模压后 TPV 表面与水的接触角仅有129°。图 4-2（c）和图 4-2（d）中的接触角分别为 124°和 151°。当砂纸型号从 W10 变为 W14 时，由于磨料粒子尺寸增大，导致模压后 TPV 表面的粗糙程度有所降低，其表面与水的静态接触角也有一定程度下降。

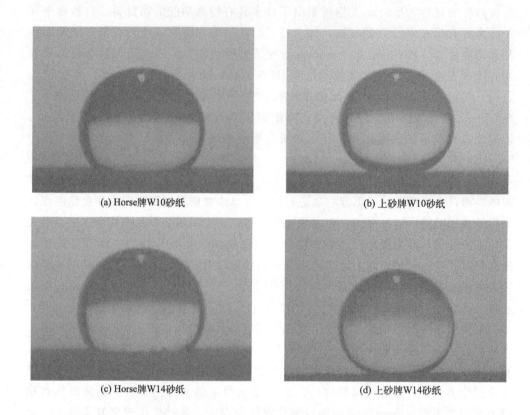

(a) Horse牌W10砂纸

(b) 上砂牌W10砂纸

(c) Horse牌W14砂纸

(d) 上砂牌W14砂纸

图 4-2　不同金相砂纸模压后 HDPE/EPDM（质量比 50/50）　TPV 表面与水的静态接触角

　　图 4-3 为 HDPE/EPDM（质量比 50/50）TPV 用上砂牌砂纸模压前后的表面 SEM 图及其表面与水接触角。从图 4-3（a）和图 4-3（b）的对比可见，采用上砂牌砂纸对 TPV 表面进行模压后，TPV 表面粗糙度获得显著提高。从图 4-3（c）可见，TPV 表面的接触角仅为 97°，但用上砂牌 W10 砂纸模压之后，TPV 表面形成了大量微米级的撕裂带和凹槽，表面粗糙度得以显著增大，其与水的接触角急剧增至 153°，如图 4-3（d）所示。经上砂牌砂纸模压之后，TPV 的表面具有微米尺寸的粗糙结构，该结构可以较好地锁住其中的空气。当 TPV 表面与水接触时，水滴难以渗入其中，致使 TPV 与水的接触面中液/固界面所占比例发生大幅度降低，而气/液界面所占比例急剧增加，水滴得以立于粗糙表面上而不发生进一步的铺展。可见，采用适当的金相砂纸为模板，通过模压可使 TPV 材料表面获得具有超疏水行为的微观粗糙结构。

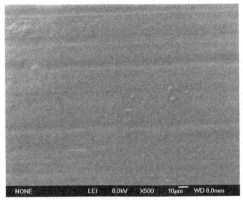 

(a) 模压前表面　　　　　　　　　　　　　(b) W10模压后表面

(c) 模压前表面与水接触角　　　　　　　　(d) W10模压后表面与水接触角

图 4-3　HDPE/EPDM（质量比 50/50）TPV 用上砂牌砂纸模压前后的表面 SEM 图及其表面与水接触角

值得注意的是，采用同样目数的 Horse 牌砂纸模压后的 TPV 表面，并未显示超疏水行为。为了寻找其原因，对砂纸及模压后表面进行了研究。图 4-4 是系列 Horse 牌金相砂纸及其模压后 HDPE/EPDM（质量比 50/50）TPV 表面的 SEM 图。可以看出，Horse 牌砂纸表面的磨料粒子尺寸较为均匀，且粒子较为分散，磨粒之间间隙较大且相互之间几乎不发生紧密的堆砌，如图 4-4(a)、(c) 所示。这种砂纸做工精细，有利于在打磨过程中磨屑从粒子间隙排出，但是采用其作为模板模压后的 TPV 表面如图 4-4(b)、(d) 所示，表面仅存在较为分散的与磨料粒子互补的凹槽结构，且凹槽之间相距较远，凹槽深度较小。该表面与水滴接触时其凹槽结构不能有效锁住空气，水液滴可以部分渗入凹槽内部，不能大幅度提高界面处的气-液面的比例，模压后 TPV 表面的疏水性能并未得到大幅度提高。

图 4-5 是不同目数的上砂牌金相砂纸及采用其作为模板模压后 HDPE/EPDM（质量比 50/50）TPV 表面的 SEM 图。从图 4-5(a)、(c) 可见，砂纸表面磨料粒

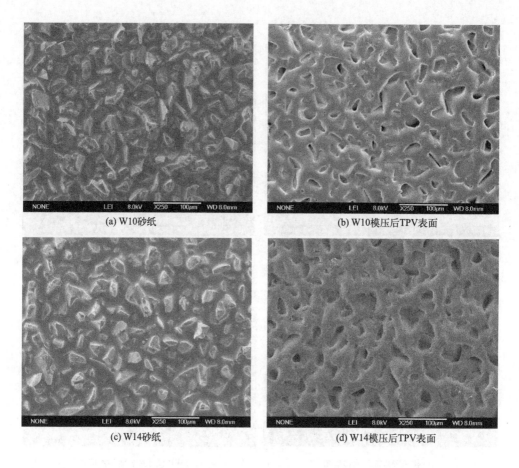

(a) W10砂纸

(b) W10模压后TPV表面

(c) W14砂纸

(d) W14模压后TPV表面

图 4-4　系列 Horse 牌金相砂纸及其模压后 HDPE/EPDM（质量比 50/50） TPV 表面的 SEM 图

子形状不规则，杂乱无序地紧密堆砌在砂纸的表面，磨料粒子之间存在微米尺度的间隙，这就使得模压后 TPV 表面存在精细的粗糙结构，并直接影响了表面的润湿性。对比图 4-5 中金相砂纸表面与模压后 TPV 表面可发现，模压后 TPV 表面存在精细的微观结构；而且需要指出的是，在 TPV 表面还可发现很多 TPV 与砂纸剥离时形成的撕裂带，进一步细化了 TPV 表面的微观结构，提高了表面粗糙度，如图 4-5（b）及（d）所示。

　　超疏水表面材料不仅具有较大的接触角，同时具有较小滚动角，进而可以实现超疏水和自清洁的效果。通常超疏水表面具有极低的黏滞力，即产生"不沾水"的现象。图 4-6 展示了水滴在 HDPE/EPDM TPV 超疏水表面上的黏附行为。从图 4-6 可见，当水滴与 TPV 超疏水层接触继而发生挤压但当提起针头时，液滴仍极易离开 TPV 超疏水层，且无水滴黏附在 TPV 表面，这表明经砂纸模压后的 TPV 超疏水层具有极低的黏滞力。经过砂纸模压之后，TPV 表面的粗糙结构可有效截留空气，提高气-液界面的比例，水滴与表面接触时的黏滞力发生显著下降。

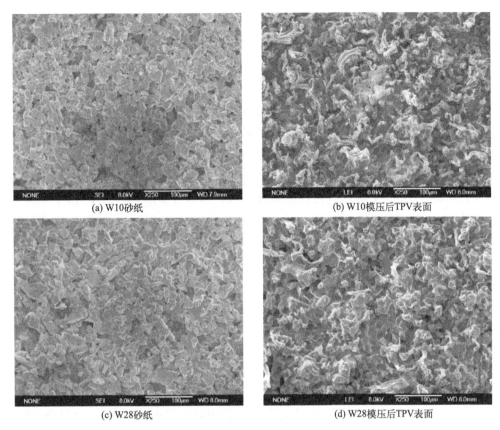

(a) W10砂纸

(b) W10模压后TPV表面

(c) W28砂纸

(d) W28模压后TPV表面

图 4-5 上砂牌金相砂纸及模压后 HDPE/EPDM（质量比 50/50） TPV 表面的 SEM 图

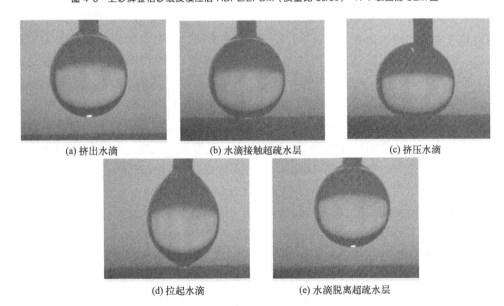

(a) 挤出水滴

(b) 水滴接触超疏水层

(c) 挤压水滴

(d) 拉起水滴

(e) 水滴脱离超疏水层

图 4-6 水滴在 HDPE/EPDM TPV 超疏水表面上的黏附行为：接触、挤压与脱离过程

4.2 基于刻蚀铝箔模板 LDPE/EPDM TPV 超疏水超亲油表面

利用模板法构建超疏水表面具有高效便捷、可大规模制备的优点，除了金相砂纸外，还可利用其他具有微纳米粗糙结构的廉价金属材料作为模板。铝金属化学性质活泼，极易与酸、碱反应，且内部存在大量的位错结构，其组成中各部分与试剂的反应速率不同，因而刻蚀后铝箔的表面会出现微纳米尺度的粗糙结构。以其作为模板与预热后的 TPV 热压，之后剥离掉模板，同样有望制备出基于 TPV 的超疏水表面。

在目前所报道的文献中，研究人员大多采用阳极氧化的方法制备铝箔模板，这种方法存在耗时、设备昂贵、制备成本较高、难以大面积制备的致命缺点。本研究采用金相砂纸打磨铝箔表面，去除其表面氧化层，采用 HCl 稀溶液对打磨后的铝箔进行刻蚀，可以快速获得具有台阶状微纳米粗糙结构的铝箔模板，之后以其为模板与 TPV 进行模压成型；模板剥离后，可直接在 TPV 表面获得超疏水结构，不需采用任何低表面能物质进行修饰。

通过 W40 金相砂纸打磨和 HCl 稀溶液的刻蚀，可获得具有表面粗糙结构的铝箔模板，为了直观地观察铝模板制备过程中模板表面粗糙度的变化，图 4-7 显示了铝箔表面 SEM 图。从图 4-7(a) 中可见，未处理的铝箔表面分布着铝箔压延成型过程中形成的条纹状结构，其表面较为平坦。铝箔的表面经金相砂纸打磨后，出现明显的磨痕，在去除其表面氧化层的同时，增大了表面粗糙度，如图 4-7(b) 所示，这有利于铝箔表面在 HCl 稀溶液中的快速刻蚀，且制备的铝箔模板具有更加均匀、精细的表面粗糙结构。将砂纸打磨后的铝箔在 5.4%（质量分数）的 HCl 溶液中刻蚀 6min 后，其表面出现微米尺寸的不规则台阶状结构，且随着刻蚀时间的增加，其表面微观结构更加均匀；当刻蚀时间为 12min 时，刻蚀后铝箔的表面出现致密均匀的台阶状结构，如图 4-7(e) 所示，从右上角的高倍放大图像中可观察到，这些致密的台阶的尺寸约为 $2\mu m$ 且尺寸相对均匀。此外，在刻蚀表面还出现大量微米级的孔洞。铝箔经过打磨后，其表面致密氧化层被去除，同时其内部在成型过程中形成的大量位错等缺陷可以更多地暴露在铝箔表面，易于同 HCl 稀溶液发生反应，并促使刻蚀后铝箔表面出现精细均匀的表面粗糙结构。

图 4-8 是 TPV 表面及采用铝箔模板模压后 TPV 表面 SEM 图，采用了图 4-7 中对应的铝箔模板模压 TPV 表面。从图 4-8(a) 中可见，采用未处理的铝箔模压的 TPV 表面较为平坦；而砂纸打磨的铝箔模压的 TPV 表面[图 4-8(b)]仅有少量的微米级细小凸起结构，起伏不大。值得注意的是，从图 4-8(c)～(f) 的对比可以清晰地看出，其 TPV 表面存在类似铝箔模板在刻蚀过程中形成的台阶状粗糙结

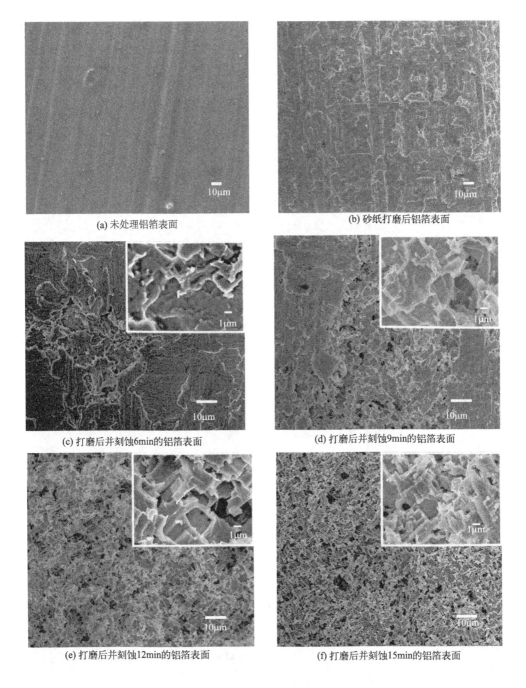

(a) 未处理铝箔表面

(b) 砂纸打磨后铝箔表面

(c) 打磨后并刻蚀6min的铝箔表面

(d) 打磨后并刻蚀9min的铝箔表面

(e) 打磨后并刻蚀12min的铝箔表面

(f) 打磨后并刻蚀15min的铝箔表面

图 4-7　铝箔表面 SEM 图

构。采用刻蚀 6min 和 9min 的铝箔模板模压后的 TPV 表面的表面粗糙结构分布不均匀，存在一些平坦区域，这是由铝箔刻蚀不完全而造成的，这也使得模压后的 TPV 表面疏水性能不佳。采用刻蚀 12min 和 15min 的铝箔模板模压的 TPV 表面，存在大量刻蚀铝箔模板表面上的致密且均匀的台阶状结构，同时出现大量纤维状结构。这是 TPV 基体在与铝箔模板剥离过程中发生塑性形变产生的撕裂带，这就进一步地增加了模压后 TPV 表面的粗糙度，大幅度提高了粗糙表面的超疏水性能。

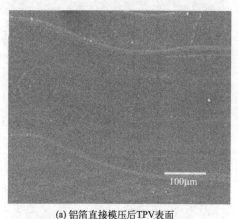

(a) 铝箔直接模压后TPV表面

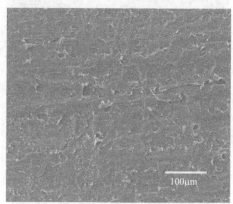

(b) 砂纸打磨铝箔模压后TPV表面

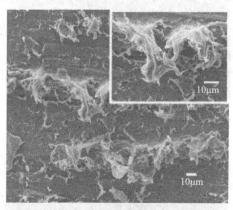

(c) 刻蚀6min的铝箔模板模压后的TPV表面

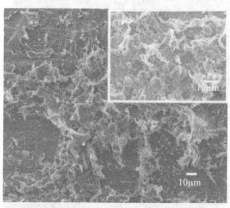

(d) 刻蚀9min的铝箔模板模压后的TPV表面

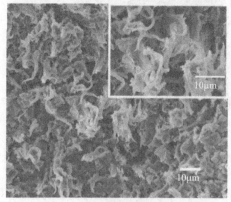

(e) 刻蚀12 min的铝箔模板模压后的TPV表面

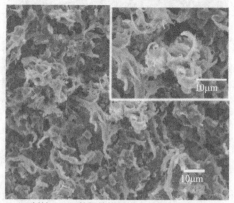

(f) 刻蚀15 min的铝箔模板模压后的TPV表面

图 4-8 TPV 表面及采用铝箔模板模压后 TPV 表面 SEM 图

表面浸润性测试表明，图 4-8(a) 中 TPV 表面与水的静态接触角为 102°，图 4-8(b) 中砂纸打磨铝箔模板模压后的 TPV 表面与水的静态接触角可达 128.2°。从图 4-7(a) 和图 4-7(b) 中可见，与未处理的铝箔表面相比，砂纸打磨后的铝箔表面粗糙度明显增加，并增大了模压 TPV 表面与水的静态接触角。研究表明，采用刻蚀 6min 和 9min 的铝箔模板模压后的 TPV 表面的静态接触角分别为 136.7° 和 146.4°，均小于 150°，表明这些模压后 TPV 表面仅表现出疏水性但是不具备超疏水性能；而采用刻蚀 12min 和 15min 的铝箔模板模压后的 TPV 表面与水的静态接触角则分别为 152.0° 和 152.2°，其滚动角分别为 3.1° 和 2.9°，表现出优异的超疏水性能。

采用 W10、W28、W40 及 W50 等四种规格的金相砂纸打磨铝箔表面，直至出现肉眼可见的均匀磨痕，之后将其置于质量分数为 5.4% 的 HCl 水溶液中，刻蚀 12min 后取出，超声清洗 3min 以去除表面铝残渣，使用这些铝箔模板模压 TPV 表面，模板剥离后测试模压表面与水的静态接触角。表 4-1 显示了用于打磨的金相砂纸型号对模压表面疏水性能的影响。从表 4-1 中可以看出，模压表面疏水性能与用于打磨的砂纸表面磨料粒子尺寸无关。

表 4-1　用于打磨的金相砂纸型号对模压表面疏水性能的影响

项目	W10 砂纸	W28 砂纸	W40 砂纸	W50 砂纸
磨粒尺寸/μm	7～10	20～28	28～40	40～50
接触角/(°)	152.6±0.8	152.2±0.5	152.0±0.7	152.1±0.9
滚动角/(°)	3.3±0.6	3.3±0.7	3.1±0.8	3.0±0.9

图 4-9 是砂纸打磨铝箔模板以及打磨刻蚀铝箔模板表面的 SEM 图。对比可见，采用不同砂纸打磨的铝箔模板的表面形貌存在很大差异，但在刻蚀后所得铝箔模板表面形貌均呈现出类似的台阶状结构，且差异不大。据此可推断，金相砂纸打磨铝箔的主要作用是去除铝箔表面氧化层，对最终刻蚀铝箔模板表面粗糙度的影响甚微。

采用刻蚀后所得的铝箔作为模板，模压系列 LDPE/EPDM TPV，获得具有粗糙结构的 TPV 表面。图 4-10 显示了系列铝箔模板模压的 LDPE/EPDM TPV 表面的 SEM 图。其中，LDPE/EPDM 的质量比为 20/80 至 70/30。从图 4-10 中可见，模压后质量比为 20/80 的 TPV 表面仅有非常微小的台阶状结构，表面起伏较小，模压后质量比为 40/60 的 TPV 表面粗糙程度获得了显著提高，且表面存在许多细小的纤维状结构。与图 4-10(a) 和图 4-10(b) 相比，铝箔模板模压后质量比为 60/40 和 70/30 的 TPV 表面的微观结构更为复杂，存在明显的台阶状结构以及大量模板剥离过程中由于基体塑性形变产生的纤维状撕裂带。在质量比为 70/30 的 TPV 表面上的纤维状结构比质量比为 60/40 的 TPV 表面上的纤维状结构更为纤细、致

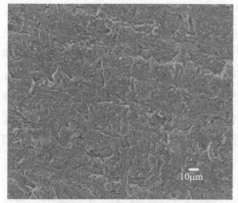
(a) W10砂纸打磨后铝箔模板表面

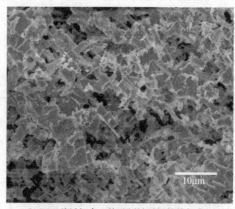
(b) W10砂纸打磨及盐酸刻蚀后铝箔模板表面

(c) W40砂纸打磨后铝箔模板表面

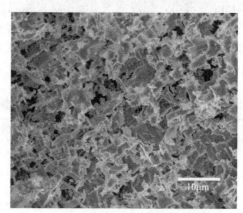
(d) W40砂纸打磨及盐酸刻蚀后铝箔模板表面

图 4-9　砂纸打磨铝箔模板以及打磨刻蚀铝箔模板表面的 SEM 图

密。随着 TPV 中 EPDM 橡胶相含量的增加，TPV 的弹性回复能力增强，模压产生的台阶状结构以及剥离过程中产生的纤维状结构会产生明显的可逆回复，导致表面粗糙度降低。然而，提高 TPV 中的热塑性 LDPE 的用量，将不可避免地提高 TPV 的塑性形变能力，并在 TPV 与模板分离时形成大量纤维状撕裂带，有利于形成粗糙表面。

　　图 4-11 为系列 LDPE/EPDM TPV 表面及铝箔模板模压后 LDPE/EPDM TPV 表面与水的静态接触角。从图 4-11 中可见，系列 TPV 表面的水接触角均低于 115°，这表明普通 TPV 表面仅表现出弱的疏水性能，未能实现超疏水。从图 4-11 中还可以看出，系列 TPV 平坦表面的接触角随 TPV 中树脂相含量的增多而减小。这可能是因为 TPV 为 EPDM 相和 LDPE 相组成的两相体系，而 LDPE 相的本征接触角较小，随着 LDPE 相含量的增多，水滴与 LDPE 相的接触面积增大，由此导

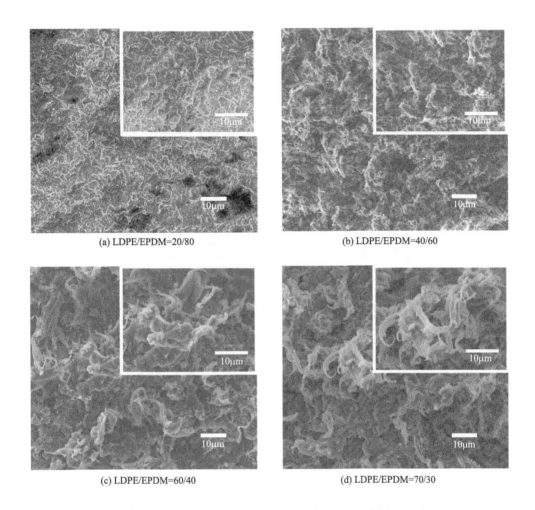

(a) LDPE/EPDM=20/80

(b) LDPE/EPDM=40/60

(c) LDPE/EPDM=60/40

(d) LDPE/EPDM=70/30

图 4-10　系列铝箔模板模压的 LDPE/EPDM TPV 表面的 SEM 图

致接触角减小。值得注意的是，对于采用铝箔模板模压的 TPV 表面而言，随着 LDPE 相含量的增加，模压 TPV 表面的静态接触角明显增加。当 LDPE 相含量达 50％时，模压 TPV 表面由疏水表面转化为超疏水表面，结合图 4-11 可见，随 TPV 中 LDPE 树脂相含量的增多，模压 TPV 表面的粗糙程度逐渐增大，由此使得模压表面与水的静态接触角逐渐增大。

　　对于疏水表面，增加表面粗糙度可以大幅度提高表面疏水性能，这是因为对于固体与空气组成的两相表面而言，增大粗糙度有利于增大空气与水的接触面积。当水滴与 TPV 表面接触时，液滴难以顺利渗入凹槽，而是与被截留在凹槽中的残余空气及固体表面的凸起形成液/气和液/固复合界面，使水滴与 TPV 表面发生不连续接触，导致 TPV 超疏水表面的黏附力很小，从而提高了

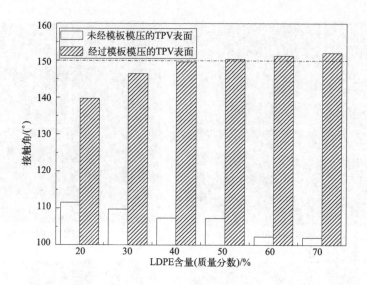

图 4-11　系列 LDPE/EPDM TPV 表面及铝箔模板模压后 LDPE/EPDM TPV 表面与水的静态接触角

表面疏水性能。值得一提的是，粗糙表面的空气垫的稳定性对于表面疏水性的稳定影响极大，增大疏水层的厚度可以提高截留空气的稳定性。图 4-12 是系列铝箔模板模压的 LDPE/EPDM TPV 的断面 SEM 图。从图 4-12 中的对比可以清楚看到，随着 TPV 中 LDPE 相含量的增加，疏水层的表面粗糙度和厚度明显增加。采用 Cassie 方程计算可得，对于质量比为 70/30 的 LDPE/EPDM TPV，其气液界面的面积分数达到了 85.2％，即液滴主要由 TPV 表面截留的空气垫支撑立于 TPV 表面。

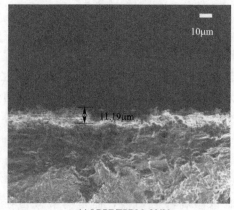

(a) LDPE/EPDM=20/80

(b) LDPE/EPDM=40/60

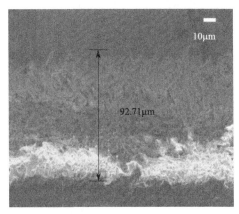

(c) LDPE/EPDM=60/40　　　　　　　　　(d) LDPE/EPDM=70/30

图 4-12　系列铝箔模板模压的 LDPE/EPDM TPV 的断面 SEM 图

4.3　LDPE/EPDM TPV 超疏水超亲油材料在直通式油水分离中应用研究

随着经济的快速发展，人类对能源的需求不断增大，如何对水面溢油进行回收处理，以及如何对含油废水进行分离处理，就成为一个重要的技术难题。传统的燃烧法、生物降解法、化学分散法以及机械分离法等，虽然仍在发挥作用，但其局限性日益明显，亟待发展更为高效、环保的新技术。近年来，改性的聚氨酯海绵、静电纺丝纤维、多孔碳材料等以其高吸油容量和良好的回弹性，受到了广泛重视。

课题组提出一种新型的连续油水分离的实验装置，图 4-13 是基于超疏水超亲油 TPV 薄膜的直通式油水分离装置示意：玻璃三通通过硅胶导管连接了循环水真空泵、数字式低真空测压仪及玻璃抽滤瓶；玻璃直孔节气门和直角玻璃管通过橡胶塞和玻璃抽滤瓶固定在一起；直角玻璃管的另外一端连接硅胶导管，硅胶导管末端的内部装有间隙可调的超疏水超亲油薄膜的卷绕物。循环水真空泵提供油水分离的抽力，通过玻璃直孔节气门调控施加到输油材料上的抽力，并通过数字式低真空测压仪精确显示油水分离的抽力。采用此装置可高效地实现原位连续油水分离，且能精确测试油水分离所需的抽力。

将特定间隙的超疏水超亲油薄膜的卷绕物放入直通阀中作为直通式压力响应阀，之后将其置于油水混合物的油水界面处，并与抽滤瓶、压力计和真空泵相连。图 4-14 是直通式压力响应阀及其连续油水分离示意，调节装置内气压形成施加在直通式压力响应阀处的抽力，记录油和水恰好被抽出时所需的临界抽力，通过二者临界抽力的差值比较样品的油水分离能力。

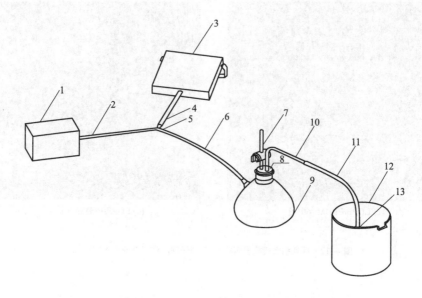

图 4-13　基于超疏水超亲油 TPV 薄膜的直通式油水分离装置示意

1—循环水真空泵；2，4，6，11—硅胶导管；3—数字式低真空测压仪；

5—Y 形玻璃三通；7—玻璃直孔节气门；8—橡胶塞；

9—玻璃抽滤瓶；10—直角玻璃管；12—烧杯；13—超疏水超亲油薄膜的卷绕物

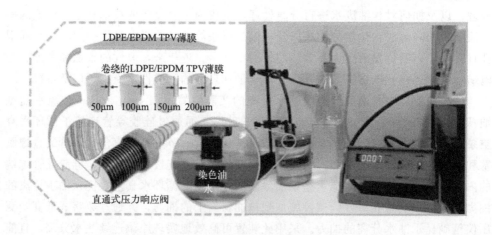

图 4-14　直通式压力响应阀及其连续油水分离示意

4.3.1　油水分离效率及油水分离速率测试

将均匀卷绕的柔性超疏水超亲油薄膜材料插入油水分离直通阀中，并与其内壁紧紧贴合在一起，利用超疏水表面构成的卷绕物的间隙作为油水分离的通道，实现油水分离。启动循环水真空泵，将装有柔性超疏水超亲油薄膜材料的油水分离直通阀插入油中，通过调节玻璃直孔节气门旋钮的旋转角度控制抽力，使得油刚好能被吸入油水分离系统的硅胶管内且连续流动，记录数字式低真空测压仪的抽力，这就是油被抽入油水分离系统的临界抽力，并记为 $P_{m/o}$。将装有柔性超疏水超亲油薄膜材料的油水分离直通阀插入水中，通过调节玻璃直孔节气门旋钮的旋转角度控制抽力，使得水刚好能被吸入油水分离系统的硅胶管内且连续流动，记录数字式低真空测压仪的抽力，该抽力就是水被抽入油水分离系统的临界抽力，并记为 $P_{m/w}$。对于特定超疏水超亲油材料，抽水和抽油的临界抽力差，记为 ΔP，$\Delta P = P_{m/w} - P_{m/o}$。临界抽力差越大，油水分离对抽力越敏感。

将油水分离实验过程中收集到抽滤瓶中的液体倒入量筒中，将液体中油的体积与总体积的比值作为分离效率（R_o），见式(4-1)：

$$R_o = \frac{V_o}{V} \times 100\%$$ (4-1)

式中　V——实验过程中收集到抽滤瓶中的液体的总体积，mL；

　　　V_o——实验过程中收集到抽滤瓶中的油的体积，mL。

将实验过程中收集到抽滤瓶中液体的总体积与时间的比值定义为分离速率（S），见式(4-2)：

$$S = \frac{V}{t}$$ (4-2)

式中　V——实验过程中收集到抽滤瓶中液体的总体积，mL；

　　　t——实验过程所用时间，min。

4.3.2　系列 LDPE/EPDM TPV 模压表面疏水亲油性

选择 LDPE/EPDM 质量比为 60/40 的体系作为研究对象，为了便于表述，未经处理的 LDPE/EPDM TPV 膜采用 LE 表示，而模压改性后的 LDPE/EPDM TPV 膜则以模板类型命名。例如，LE-5 表示 W5 砂纸为模板制备的 LDPE/EPDM TPV 膜；LE-7 表示 W7 砂纸为模板制备的 LDPE/EPDM TPV 膜。系列 LDPE/EPDM TPV 薄膜表面润湿行为的光学图像及浸润测试结果如图 4-15 所示。

由图 4-15(a) 可见，油滴或水滴停留在未处理 LDPE/EPDM TPV 薄膜表面的状态与砂纸模压后 LDPE/EPDM TPV 薄膜表面的状态存在显著差异。从图 4-15(a) 右侧的接触角图片的对比可见，未处理的 LDPE/EPDM TPV 薄膜表面具有一定的疏水性和一定的亲油性，但是经过砂纸模压处理后的 LDPE/EPDM TPV 薄膜表面则表现出超疏水性及超亲油性，表明经过砂纸模压后的 LDPE/EPDM TPV 薄膜表面的疏水性和亲油性均有显著提高。系列模压 LDPE/EPDM TPV 薄膜表面的疏水性测试结果及其光学图像如图 4-15(b) 所示。结果表明，LE-7、LE-10 和 LE-14 的 WCA 均大于 150°，SA 均小于 10°，其中 LE-7 具有最佳的超疏水性能。

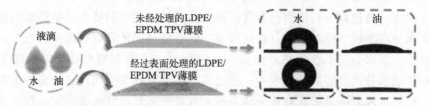

(a) 模压前后LDPE/EPDM TPV薄膜表面的超疏水/超亲油现象的光学图像

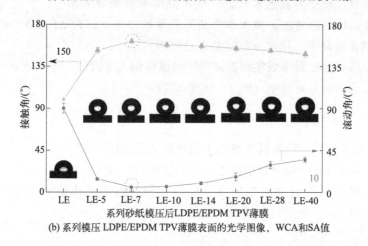

(b) 系列模压 LDPE/EPDM TPV薄膜表面的光学图像、WCA和SA值

图 4-15　系列 LDPE/EPDM TPV 薄膜表面润湿行为的光学图像及浸润测试结果

Cassie 模型认为，水滴在超疏水固体表面上形成了气/液界面，其超疏水性能与气/液界面占比（f_v）密切相关。通常认为，表面的疏水性也与其表面能（SFE）有关。引入固/液投影面积分数 f_s，则与其对应的气/液界面的投影面积分数为 f_v。由于 f_s 和 f_v 均为面积分数，因此 $f_s + f_v = 1$，θ 为与水的接触角。简化后的 Cassie 模型表达式为：

$$\cos\theta = f_s\cos\theta - (1 - f_s) = f_s(\cos\theta + 1) - 1 \tag{4-3}$$

为了进一步分析系列 LDPE/EPDM TPV 超疏水超亲油薄膜表面的浸润性差异，采用 Cassie 模型及式（4-3）对实验数据进行计算，计算结果见表 4-2。

从表 4-2 中可以看出，经金相砂纸模压后的 LDPE/EPDM TPV 薄膜表面均具有超亲油性能，同时疏水性均得到大幅提升，且 LE-7 具有最佳的超疏水/超亲油性能［WCA＝161.9°，与油的接触角（oil contact angle，OCA）＝0°，SA＝5.4°］。

表 4-2　系列模压 LDPE/EPDM TPV 薄膜表面的超疏水/超亲油性能数据

项目	LE-5	LE-7	LE-10	LE-14	LE-20	LE-28	LE-40
金相砂纸型号	W5	W7	W10	W14	W20	W28	W40
砂纸磨粒子的平均尺寸/μm	3.5～5	5～7	7～10	10～14	14～20	20～28	28～40

项目	LE-5	LE-7	LE-10	LE-14	LE-20	LE-28	LE-40
与油的接触角 OCA/(°)	0	0	0	0	0	0	0
与水的接触角 WCA/(°)	152.10	161.9	157.9	156.9	154.2	151.9	148.1
滚动角/(°)	14.1	5.4	6.1	9.9	16.8	29.5	35.2
液-固界面比例 f_s/%	17.1	7.2	10.8	11.8	14.7	17.4	22.3
气-液界面比例 f_v/%	82.9	92.8	89.2	88.2	85.3	82.6	77.7
表面能/(mN/m)	14.9	12.2	13.8	14.0	14.7	15.1	16.2

图 4-16 显示了系列 LDPE/EPDM TPV 模压后表面的 f_v 和 SFE 数据。从图 4-16 中可见，LE-7 同时具有最高的 f_v 和最低的 SFE。结合表 4-2 中对应的 WCA 和 SA 实验结果可知，低的 SFE 和高的 f_v 是系列模压 LDPE/EPDM TPV 薄膜表面超疏水性能的重要特征，因而对具有最佳超疏水性能 LE-7 的化学组成和表面微纳米尺度的粗糙结构还需要进一步研究。

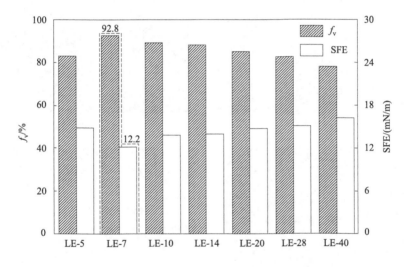

图 4-16　系列 LDPE/EPDM TPV 模压后表面的 f_v 和 SFE 数据

采用能量色散 X 射线光谱仪（EDX）对表面元素进行测试。表 4-3 显示了 W7 砂纸表面及其模压 LDPE/EPDM TPV 薄膜表面的元素组成。W7 砂纸中的磨料颗粒为 Al_2O_3。从表 4-3 中可以看出，铝元素仅出现在砂纸中，表明磨料颗粒在模压过程中未进入 LE-7 薄膜中，因此 W7 砂纸可作为模板重复使用。

表 4-3　W7 砂纸表面及其模压 LDPE/EPDM TPV 薄膜表面的元素组成（质量分数）

表面	Zn/%	S/%	C/%	O/%	Al/%	合计/%
金相砂纸	0.00	0.00	45.33	51.67	3.00	100
LE-7 薄膜	1.59	0.26	81.23	16.92	0.00	100

为了研究 LE-7 的超疏水性能，采用 SEM 观察了 W7 砂纸模压前后 LE 和 LE-7 表面形貌和断面形貌，如图 4-17 所示。LE 和 LE-7 的表面形貌如图 4-17（a）和图 4-17（b）所示，从图 4-17（a）中可以看出 LE 表面平整且无粗糙结构，但从图 4-17（b）中可见，LE-7 的表面具有复杂且密集的纤维状粗糙结构，这是模压结束后 TPV 与金相砂纸分离时，TPV 中的 LDPE 在砂纸磨料颗粒间隙拉拔出来时发生塑性形变而产生的撕裂带。LE 和 LE-7 的断面形貌如图 4-17（c）和图 4-17（d）所示。对比可见，LE-7 表面具有明显的粗糙结构，进一步证实了 TPV 中 LDPE 基体发生了塑性形变。从图 4-17 的对比可见，LE-7 具有超疏水/超亲油性能，且表面存在大量密集的纤维状粗糙结构，后续选择 W7 砂纸模压前后的 LDPE/EPDM TPV（LE 和 LE-7）进行油水分离的对比研究。

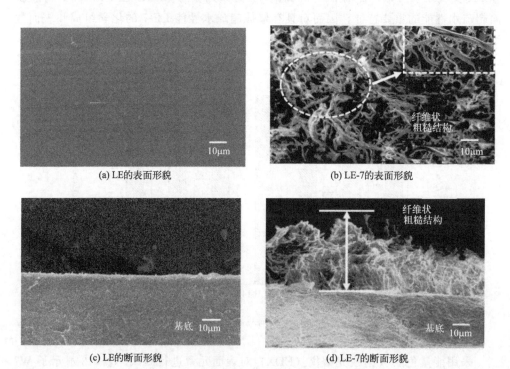

(a) LE的表面形貌　　　　　　　　　　　　　(b) LE-7的表面形貌

(c) LE的断面形貌　　　　　　　　　　　　　(d) LE-7的断面形貌

图 4-17　LE 和 LE-7 的 SEM 表面及断面形貌图

4.3.3　超疏水/超亲油 LDPE/EPDM TPV 薄膜在油水分离中应用研究

到目前为止，重力几乎是所有油水分离过程中最常见的外力；然而，采用这种方法进行油水分离效率较低，而且不能满足大量油水分离如海上溢油和工业含油废水回收等工业需求。采用课题组的专利技术进行直吸式油水分离是一种新型油水分离方法，具有分离效率高的特点，有望在工业生产中得以应用。

为了更好地表征油水分离过程，将液体能够刚好被直通阀吸入抽滤瓶的外界压力定义为临界抽力 P_m（真空度，kPa），水和油的临界抽力分别用 $P_{m/w}$ 和 $P_{m/o}$ 表示。油水两相临界抽力的差异是通过压力响应实现油水分离的关键。因此，可定义 ΔP（kPa）为 $P_{m/w}$ 和 $P_{m/o}$ 的差值；将卷绕膜每层之间的层间隙宽度定义为 D_m（μm）。油水分离实验所用 TPV 膜的厚度和宽度分别为 200μm 和 30mm，直通阀的直径为 14mm。在油水分离头内径已知的情况下，通过计算可知，特定长度的膜卷绕后对应特定的 D_m。

直通式油水分离的实现主要依赖于直通阀中卷绕膜的种类和薄膜卷绕物层间隙。采用 LE 和 LE-7 为样品，通过改变层间隙研究直吸式油水分离过程中膜种类及间隙对油和水临界抽力的影响，实验所用油为正己烷。

图 4-18 是水和油在卷绕的超疏水超亲油表面的润湿行为示意。从图 4-18 中可见，LE-7 在油和水中的润湿行为完全不同。从图 4-18(a) 中可见，正己烷能够在 LE-7 上发生铺展，这是由于 LE-7 具有超亲油性能；但从图 4-18(b) 中可见，LE-7 由于具有超疏水性能，因此可以阻碍水渗入其层间隙中。

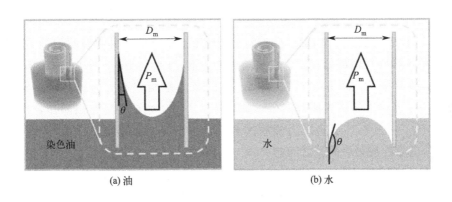

(a) 油   (b) 水

图 4-18　水和油在卷绕的超疏水超亲油表面的润湿行为示意

表 4-4 显示了油水分离薄膜的种类及层间隙对油水分离中抽力的影响。从表 4-4 中可见，ΔP 随 D_m 的增加而降低，且当 D_m 相同时 LE-7 的 ΔP 更高。这是由于当薄膜的层间隙增加时，卷绕膜对油和水的选择性下降，使得直通阀抽油和抽水时的临界抽力接近，因而 ΔP 下降。LE-7 具有超疏水/超亲油性能而 LE 仅显示出疏水性和亲油性，因而 LE-7 在直通阀中抽水和抽油时的临界抽力差异更加显著，因此 ΔP 更高。LE-7 的 ΔP 最高可达 4.03kPa，在相同条件下是 LE 的 1.87 倍，且是空白对照组（仅有直通阀无油水分离膜）的 18.32 倍。表 4-4 中的数据表明，在直通阀油水分离头中放入卷绕的 LE-7 能够使其对油和水表现出不同的压力响应行为，从而为油水分离创造了必要条件。

表 4-4　油水分离薄膜的种类及层间隙对油水分离中抽力的影响

薄膜的种类	$D_m/\mu m$	$P_{m/o}/kPa$	$P_{m/w}/kPa$	$\Delta P/kPa$
LE	25	3.54	5.69	2.15
	50	3.01	4.83	1.82
	75	1.93	2.86	0.93
	100	1.89	2.61	0.72
	125	1.85	2.55	0.70
	150	1.82	2.46	0.64
	175	1.81	2.39	0.58
	200	1.80	2.35	0.55
LE-7	25	3.66	7.69	4.03
	50	2.99	6.17	3.18
	75	2.39	4.65	2.26
	100	2.14	3.97	1.83
	125	1.94	3.08	1.14
	150	1.82	2.56	0.74
	175	1.76	2.59	0.65
	200	1.70	2.35	0.65
空白对照样	—	1.67	1.89	0.22

图 4-19 显示了 LE 和 LE-7 在不同层间隙下对油水分离抽力及临界抽力差的影响。从图 4-19(a) 中可以看出，在相同的 D_m 下，LE 和 LE-7 的 $P_{m/o}$ 值相差不大而 $P_{m/w}$ 差异显著。这是由于 LE 和 LE-7 的亲油性相差不大但疏水性差异很大，这就使得二者对水的临界抽力存在明显差异。从图 4-19(a) 还可以看出，$P_{m/w}$ 普遍高于 $P_{m/o}$，表明直通式压力响应阀具有油水分离的选择能力。图 4-19(b) 是 ΔP 与分离膜种类和层间隙之间的关系。从图 4-19(b) 中可以更直观地看出 LE 和

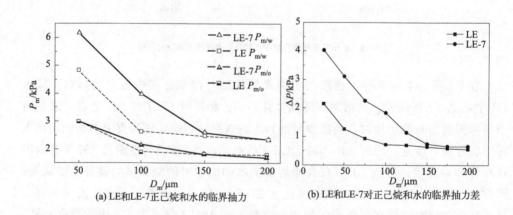

(a) LE和LE-7正己烷和水的临界抽力　　(b) LE和LE-7对正己烷和水的临界抽力差

图 4-19　LE 和 LE-7 在不同层间隙下对油水分离抽力及临界抽力差的影响

LE-7 在不同层间隙下油水分离能力的差异。在图 4-19(b) 中，LE-7 的 ΔP 值始终高于 LE 的 ΔP 值，这表明 LE-7 对油和水具有更高的选择性，比 LE 更适合进行油水分离。采用 LE-7 作为油水分离材料，与直通阀一起共同构成直通式压力响应阀用于后续的油水分离实验。

4.3.4 直通式压力响应阀对不同有机油类分离能力

图 4-20 是膜间隙及油种类对直通式压力响应阀油水分离能力的影响图。从图 4-20 中可见，直通式压力响应阀对多种油类均有油水分离能力，且在 D_m 相同的条件下，ΔP 值的大小与油的种类密切相关。这是由于不同种类油具有不同的密度和极性，使得其在直通式压力响应阀中的临界抽力不同，而测试过程中水的临界抽力为定值，因此不同油类的 ΔP 值不同。需要注意的是，当油类（四氯化碳）密度大于水的密度时，其对应的 ΔP 值为负，但由于 ΔP 值不为零，因此直通式压力响应阀依然可以将其与水分离。

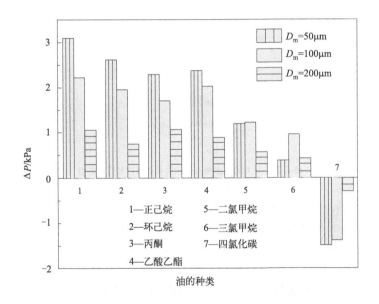

图 4-20 膜间隙及油种类对直通式压力响应阀油水分离能力的影响图

从图 4-20 中还可以看出，对于多数油类而言，减小分离膜间隙更有利于提高直通式压力响应阀的分离能力，且正己烷的 ΔP 值在不同 D_m 条件下均高于其他有机溶剂，因此可采用正己烷作为油水混合物中的油类，研究直通式压力响应阀的油水分离效率。

4.3.5　直通式压力响应阀油水分离效率影响因素

油水分离材料的作用是将油水混合物中的油和水实现分离和收集，因此其分离效率和分离速率是决定其能否得到工业应用的重要因素。

图 4-21 是油水分离效率及油水分离速率实验过程示意。从图 4-21 中可见，卷绕的 LE-7 在直通阀中作为油水分离过程中的流体通道，使得直通式压力响应阀在外界抽力的作用下能够实现油水分离。外界提供的抽力（分离压力）和分离膜间隙是直通式压力响应阀油水分离效率和油水分离速率的两个重要影响因素。要想实现高分离效率的同时有高的分离速率，需要找到最佳的分离膜间隙和分离压力。

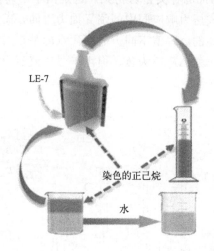

LE-7

染色的正己烷

水

图 4-21　油水分离效率及油水分离速率实验过程示意

根据式（4-1）和式（4-2）计算出在不同膜间隙和不同分离压力下，直通式压力响应阀的油水分离速率和油水分离效率，见图 4-22。从图 4-22(a) 中可见，油水分离的速率随分离压力的增加而增大，且分离压力越大，分离速率的增幅越明显。在相同分离压力下，油水分离速率随 D_m 的增加而增大，这是由于 D_m 增加使得直通式压力响应阀对流体的阻力减小，使在分离压力相同的情况下液体更容易通过。从图 4-22(b) 中可见，当 D_m 为 $25\mu m$ 和 $50\mu m$ 时，直通式压力响应阀的油水分离效率在各分离压力下几乎都能达到 100%，表明实验所用直通式压力响应阀具有优异的油水分离能力。从图 4-22(b) 中的对比还可以得出，当 D_m 大于 $50\mu m$ 时，油水分离效率随分离压力的增加出现明显下降，这是由于 D_m 增加使得直通式压力响应阀对油和水的选择通过性减弱，从而导致分离压力升高时的分离效率发生下降。

综上可知，在本研究中，将卷绕的 LE-7 放入直通阀中形成的直通式压力响应阀具有优异的油水分离能力。当 D_m 为 $50\mu m$ 且分离压力为 6kPa 时，采用直通式

热塑性
硫化胶及功能化

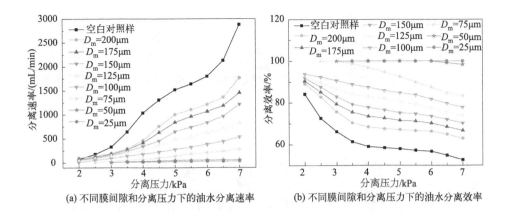

(a) 不同膜间隙和分离压力下的油水分离速率   (b) 不同膜间隙和分离压力下的油水分离效率

图 4-22   不同条件下直通式压力响应阀油水分离速率及油水分离效率

压力响应油水分离阀作为分离器，其同时具有优异的油水分离效率和油水分离速率，这就在传统重力分离法、絮凝法、吸附以及过滤等方式的基础上，为油水分离提供了一种全新的途径。

4.4   PP/EPDM TPV 超疏水薄膜表面黏附性能和自清洁行为

以刻蚀后铝箔为模板，制备出超疏水超亲油的 PP/EPDM TPV 表面，并对其表面的黏附性能和自清洁行为进行研究。通常来说，超疏水表面的水接触角滞后低，将水滴在超疏水表面上进行挤压、提拉时水滴也不会黏附在其表面上。图 4-23 显示了超疏水 PP/EPDM TPV 表面的水滴黏附行为，从图 4-23(a) 可以看出水滴在超疏水表面的接触、挤压与脱离过程。还可以发现，水滴随着针头在膜表面产生作用，但并不会润湿超疏水表面，这表明超疏水超亲油薄膜表面具有低的表面黏附力。图 4-23(b) 的水滴滚动测试则进一步证明超疏水超亲油薄膜表面的低黏附力，水滴在倾斜的表面极容易发生滚落。

自清洁表面是指表面的灰尘、污物可以通过自然力如风、雨、重力等自行脱落或者降解的表面。水滴迅速从材料表面滚落，可有效地去除积聚在超疏水表面的灰尘及污物。为了验证超疏水 PP/EPDM TPV 表面的自清洁行为，采用各种液体（水、咖啡、纯牛奶、绿茶）及室内灰尘作为污染物进行研究。图 4-24 显示了超疏水 PP/EPDM TPV 表面对各种污染物的自清洁行为，载玻片的右侧用双面胶黏附了超疏水 PP/EPDM TPV 薄膜，载玻片的左端置于表面皿内，右端置于表面皿的边缘；水（染成蓝色）、咖啡、纯牛奶、绿茶在水平超疏水 PP/EPDM TPV 表面的

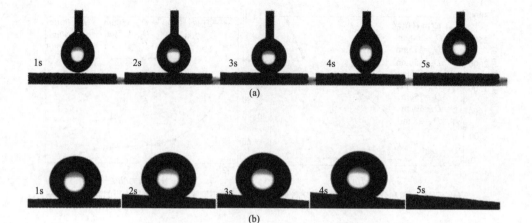

图 4-23　超疏水 PP/EPDM TPV 表面的水滴黏附行为

（a）水滴在表面的接触、挤压与脱离过程；（b）水滴在倾斜表面的滚落

行为如图 4-24(a)～(d)所示：如右上角嵌入的图像所示，上述液滴均可以在 PP/EPDM TPV 超疏水表面膜上稳定且保持球形，表明该膜对这些液体具有优异的排斥性能。非常有意思的是，将上述液滴加到倾斜的超疏水表面后，所有液滴都能迅速从超疏水 PP/EPDM TPV 表面滚落而不会留下任何污渍，表现出优异的低黏附性和显著的自清洁行为。同时，还可以发现，洒落在超疏水 PP/EPDM TPV 表面的室内灰尘污染物也很容易被滚落的水滴携带走，从而形成完全清洁的表面，如图 4-24(e)～(g)所示，显示出优异的超疏水自清洁效果。

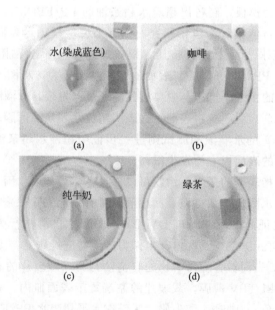

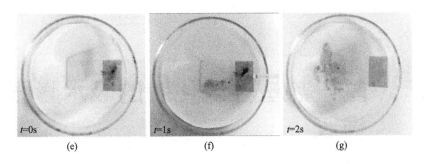

$t=0s$　　　　　　　$t=1s$　　　　　　　$t=2s$

(e)　　　　　　　　(f)　　　　　　　　(g)

图 4-24　超疏水 PP/EPDM TPV 表面对各种污染物的自清洁行为

（a）污染物：水；（b）污染物：咖啡；（c）污染物：纯牛奶；（d）污染物：绿茶；（e）～（g）污染物：灰尘

第5章

基于热塑性硫化胶的吸水膨胀橡胶

5.1 吸水膨胀橡胶发展历史

吸水膨胀橡胶（water swelling rubber，WSR）具有弹性密封止水以及以水止水的双重特性，其自 20 世纪 70 年代诞生以来，被广泛用于大坝、隧道、建筑以及地下铁路建设等领域，是一种新型功能高分子材料。传统的 WSR 材料通常是由橡胶与亲水性组分或者亲水性官能团所组成的复合体系。

当 WSR 材料浸入水中后，水分子可以通过毛细管和表面吸附等作用扩散到 WSR 的内部，与大分子链中的亲水基团发生相互作用，使亲水物质发生溶胀，并在 WSR 材料的内、外部形成渗透压差，促进水分子的进一步渗透。当 WSR 材料中的内外渗透压差产生的膨胀力与交联橡胶因膨胀而产生的回缩束缚力达到相等的状态时，吸水就达到了平衡状态。Hatakeyama 等用 DSC 及傅里叶变换核磁共振（FT-NMR）波谱仪研究了吸水材料吸水后水分子的结合状态，发现体系中存在三种状态的水，分别为不冻结水、冻结结合水和自由水，其中自由水占据了大部分。

WSR 材料的分类方法很多，按照制备时所用吸水膨胀剂的不同可分为天然高分子材料系列（淀粉、纤维素类）、聚乙烯醇（PVA）系列、聚丙烯酸系列等。按其吸水率的不同，可分为高膨胀率（高于 350.0%）、中膨胀率（200.0% ～350.0%）、低膨胀率（小于 200.0%）等类型。根据橡胶硫化的类型则可分为腻子型 WSR 与制品型 WSR。

作为多相复合体系，目前 WSR 材料的制备方法主要包括物理共混法与化学接枝法两种。其中，物理共混法包括了机械共混法和乳液共混法；化学接枝方法则包括了引发接枝法和偶联接枝法；引发接枝法则又包括了辐射引发接枝和引发剂引发接枝。

5.1.1 物理共混法制备吸水膨胀橡胶

采用物理共混法制备 WSR 材料具有成本低、工艺简单且具有首次吸水率较高、吸水速度较快的特点。但是，强极性吸水材料与橡胶基体的界面相容性较差，往往导致界面结合作用较弱，吸水材料易从橡胶基体中脱落形成相分离，并因此致使后续反复吸水性能的降低。

物理共混法借助于剪切力场，将吸水材料与各种配合剂均匀分散于橡胶基体中，之后利用模压成型等工艺硫化并制备 WSR 制品。近期物理共混法制备 WSR 有了新进展，即可以采用辐射交联和原位法制备 WSR 材料，在辐射交联时不必在橡胶中加入硫化剂和相关助剂等，因而产物卫生等级高，且可在室温下完成。原位生成法制备 WSR 材料相比传统的物理共混法，吸水材料的粒子尺寸得到大幅度减小，界面面积得以显著增加，界面作用得以提高。制备的 WSR 材料的力学性能较高，橡胶网络形成的回缩力也强，但其吸水性能普遍较低。宋伟强等通过辐射交联方法制备了 CR/聚丙烯酸钠（PNaAA）共混型 WSR，研究了辐射剂量以及组成对 WSR 材料的力学性能、吸水性能的影响。任文坛等采用 CM 作为橡胶基体，在 CM 中将金属氢氧化物和丙烯酸（AA）反应原位生成丙烯酸盐（MeAA），之后利用过氧化物硫化体系得到 WSR 材料。

采用乳液共混法制备 WSR 材料时，将高吸水材料和胶乳等共混搅拌，之后进行真空脱泡、熟成、浇模、硫化得到了 WSR 材料。通过乳液共混制备的产物，其高吸水材料的微区尺寸较小、分散均匀。林莲贞等采用天然胶乳和部分水解聚丙烯酰胺（PHPAM）乳液共混的方法制备出 WSR 材料，其产物的尺寸稳定、强度高且吸水性能良好。刘岚等则采用淀粉接枝聚甲基丙烯酸盐（SPMAA）与天然胶乳共混的方法制备了吸水膨胀天然橡胶（water swelling natural rubber，WSNR）。

5.1.2 化学接枝法制备吸水膨胀橡胶

化学接枝法是将亲水链段或基团，利用化学接枝方式接枝到橡胶分子链上以制备 WSR 材料。根据接枝机理的差异可分为引发接枝法和偶联接枝法。

引发接枝法是将大分子链中反应活性中心与另一单体反应，通过聚合反应而生成接枝共聚物。根据引发方式不同，可以分为辐射引发接枝和引发剂引发接枝两种方法。李宗良等通过引发接枝的方法制备出腻子型 WSR，产物具有较高吸水率及吸水速率。He 等通过化学接枝的方法制备了 CM 接枝聚乙二醇（PEG）型 WSR，其接枝率为 9.8%。

偶联接枝法主要是大分子链的末端基团在另一大分子链的活性基体中发生反应，用偶联接枝法制备 WSR 时需大分子链上有活性基团，如在橡胶分子中引入卤素原子等活性基团。Yamashita 通过偶联剂引发的方法将聚环氧乙烷接枝氯丁橡胶制备了 WSR 材料，并观察到了微相分离结构。

与物理共混法制备的 WSR 材料相比，化学接枝法制备的 WSR 材料虽然具有相容性好、力学强度高以及吸水稳定性好的优点，但由于其吸水率较低、制备方法烦琐、成本高等缺点限制了其应用。目前商业化的 WSR 产品主要是采用物理共混法制备的。

5.1.3 吸水膨胀橡胶应用

随着国民经济的快速发展，防水材料有了迅速发展，高分子材料在防水领域的应用越来越广，被誉为"超级防水材料"的 WSR 材料作为一种具有弹性密封止水及以水止水双重性能的新型高分子材料，引起了人们的广泛重视。其在土木建筑、土壤改良、医疗卫生等领域具有广阔的应用前景，特别是在建筑的堵漏防漏工程方面，WSR 材料已逐渐取代了环氧树脂堵漏等传统堵漏防漏措施，并成功应用于各种工程的施工变形缝和管道接头等处的密封止水。

目前 WSR 制品主要应用于土木建筑之中，一些发达国家在 WSR 材料的研究开发方面起步较早，生产出高质量的硫化型及非硫化型的 WSR，并应用在大型工程建设中，如海底隧道等。我国也有类似 WSR 产品问世，并在这方面也做了大量工作。例如，WSR 相关产品应用于上海地铁隧道、秦岭隧道等防水工程中，取得了较为理想的效果。

除此之外，WSR 材料还在生物医用、湿敏传感器等方面具有良好的应用前景。WSR 材料对温度、酸碱度、盐浓度等敏感性较高，当酸碱度及盐浓度变化时 WSR 材料会产生收缩或膨胀，体积发生变化的同时将化学能转变成为机械能，成为机械化学调节系统。另外，通过橡胶发泡可以制备出吸水型海绵橡胶，具有吸水率高、吸水速度快的特点，可用于卫生领域。WSR 类材料还具有软而韧的特点，且弹性和抗震性能好，与人体肌肉特性相似，WSR 有望用于人工肌肉的研制。

目前，WSR 材料的应用中尚存在一定的技术问题，如吸水膨胀方向、界面相容性、吸水材料的析出等问题，有待获得进一步研究和解决。

5.2 基于 EVA/CM/NBR 热塑性硫化胶的吸水膨胀橡胶

传统的 WSR 材料的基体多为热固性橡胶，其循环加工利用受到局限。TPV 中的交联橡胶粒子分散相赋予其类似传统橡胶的高弹性，而树脂连续相赋予其可加工及重复使用性能。如果将吸水材料加入 TPV 的橡胶相中预计将会减少吸水树脂用量，并获得新型 WSR 材料。目前这种方法鲜有报道，以 CM 增容 EVA/NBR TPV 为研究对象，在 NBR 橡胶相成功引入吸水材料交联聚丙烯酸钠（CPNaAA），制备出吸水膨胀型 TPV，并对其性能进行系统研究。

在测试吸水膨胀性能的时候，先将样品在80℃、4h条件下真空干燥，称重记为 W_1，之后将其置于23℃的蒸馏水中，一段时间后取出称重记为 W_2。称量时，用滤纸快速清除样品表面的水分。实验结束后，样品在80℃真空干燥至恒重记为 W_3，吸水膨胀率以质量分数表示。吸水膨胀率（S_w）计算公式为：

$$S_w = \frac{W_2 - W_1}{W_1} \times 100\%$$ (5-1)

试样的失重率 W_L（%）计算公式为：

$$W_L = \frac{W_1 - W_3}{W_1} \times 100\%$$ (5-2)

对于保水性能的测试，同样取一次吸水平衡之后的试样，置于室温条件下进行，每隔一段时间称量并记录试样的质量。体系的保水率计算公式如下：

$$S_r = \frac{W_4}{W_5} \times 100\%$$ (5-3)

式中，W_4 和 W_5 分别为试样在保水测试的过程中对应保水时间的试样质量和试样在吸水平衡时的质量。

5.2.1 CPNaAA 含量对共混型 EVA/CM/NBR/CPNaAA TPV 性能影响

在 NBR 橡胶混炼时将 CPNaAA 粉体分散到混炼胶中，之后与树脂相通过动态硫化获得 TPV 产品。图 5-1 为系列 EVA/CM/NBR/CPNaAA TPV 的应力-应变曲

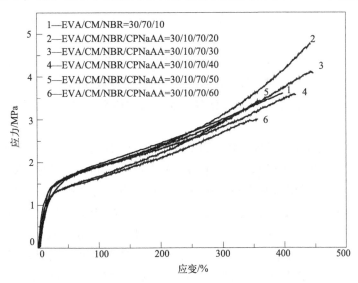

图 5-1　系列 EVA/CM/NBR/CPNaAA TPV 的应力-应变曲线

线。在复合体系中，CM 是 EVA 树脂相和 NBR 橡胶相的界面增容剂。从图 5-1 中的曲线可以看出，所有 TPV 样品均呈现出弹性体典型"软而韧"的特征。值得注意的是，在 CPNaAA 含量为 20phr 时，TPV 的拉伸强度达到最大值。但是，随着 CPNaAA 含量的进一步增加，TPV 的力学性能逐渐降低，但扯断伸长率均大于 100%。

表 5-1 显示了系列 EVA/CM/NBR/CPNaAA TPV 的力学性能数据。从表 5-1 中可以看出，当 CPNaAA 含量高于 20phr 时，随着 CPNaAA 含量的逐渐增加，系列 TPV 的硬度和 100% 定伸永久变形逐渐增加，而拉伸强度、扯断伸长率、扯断永久变形及撕裂强度则趋于减小。表 5-1 中系列 TPV 的扯断伸长率均大于 100%，100% 定伸永久变形均低于 50%，根据 ASTM D1566—2020 *Standard terminology relating to rubber* 的规定，以上系列动态硫化体系均属于弹性体的范畴。

表 5-1　系列 EVA/CM/NBR/CPNaAA TPV 的力学性能数据

EVA/CM/NBR/CPNaAA TPV 橡塑比（质量比）	拉伸强度 /MPa	扯断伸长率/%	扯断永久变形/%	100% 定伸永久变形	撕裂强度 /(kN/m)	邵氏 A 硬度(HA)
30/10/70	3.6	421	31	5.0	22.3	73
30/10/70/20	4.8	439	55	7.5	24.7	76
30/10/70/30	4.1	445	56	7.5	23.4	77
30/10/70/40	3.6	416	56	10.0	22.4	79
30/10/70/50	3.4	365	48	12.5	20.7	80
30/10/70/60	3.0	364	50	17.5	19.7	81

当 CPNaAA 含量比较低的时候，强极性 CPNaAA 与极性 NBR 橡胶之间有一定的界面相容性，并使得 TPV 体系呈现出良好的力学性能。但是，当 CPNaAA 含量增大时，NBR 相的交联网络结构会因大粒径的 CPNaAA 的过量加入而遭到破坏。另一方面，CPNaAA 粒子的大量填充，增大了橡胶相的体积，致使 NBR 分散相很难在有限的热塑性基体中均匀分散，动态硫化体系中的缺陷增多，由此导致力学性能下降。

图 5-2 为系列 EVA/CM/NBR/CPNaAA TPV 的吸水膨胀率-时间关系曲线。从图 5-2 中可以看出，当吸水材料 CPNaAA 含量为 50phr 以下时，随着 CPNaAA 含量的增加，TPV 的吸水膨胀率呈现明显增大趋势。当达到吸水平衡时，TPV 的最大吸水率由 CPNaAA 含量为 0 时的 3.2% 增加到 CPNaAA 含量为 50phr 时的 669.3%，未加入吸水材料 CPNaAA 的 TPV 几乎不吸水，而 CPNaAA 含量为 20phr 的 TPV 仅少量吸水，尤其是吸水的初期，吸水膨胀率相对较低。本研究中 NBR 橡胶相是作为分散相而分散在连续相 EVA 基体之中的，而吸水材料 CP-NaAA 则是加入 NBR 橡胶分散相之中的。

与传统的由吸水材料及橡胶组成的 WSR 体系相比，在吸水膨胀的过程中，水分子进入橡胶相的时候需穿越连续树脂相并克服更大的阻力。当 CPNaAA 含量少于 20phr 时，CPNaAA 吸水所产生的膨胀力在很长一段时间内难以超过 TPV 基体本身的束缚力，导致其在初期尤其是吸水时间低于 60h 时吸水膨胀率一直较低。但是，随着 CPNaAA 含量的增加，TPV 吸水所产生的膨胀力逐渐增加，超过 TPV 基体本身的束缚力，此时吸水性能得到提高。还可以看出，随着 CPNaAA 含量的增加，TPV 的吸水速度也越来越快。当 CPNaAA 含量为 60phr 时，TPV 仅需约 23 h 即可达到吸水平衡状态。然而，从表 5-2 所示 TPV 吸水后烘干失重的数据可以看出，由于吸水后析出物较多，当 CPNaAA 含量为 60phr 时 TPV 吸水膨胀率反而小于 CPNaAA 含量为 50phr 时 TPV 的吸水膨胀率，这与图 5-2 的结果是一致的。

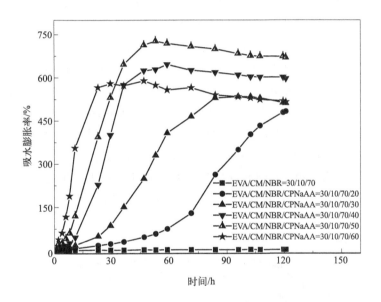

图 5-2　系列 EVA/CM/NBR/CPNaAA TPV 的吸水膨胀率-时间关系曲线

　　表 5-2 为不同吸水次数下 EVA/CM/NBR/CPNaAA TPV 烘干后的失重率。从表 5-2 中可以看出，在经过第一次吸水之后，随着体系中吸水材料含量的增加，其失重率逐渐增加，特别是吸水材料 CPNaAA 含量为 60phr 的体系。当 CPNaAA 含量较高时，吸水过程中 TPV 体积膨胀率较大，CPNaAA 粒子易从 NBR 相中脱落，随后通过基体膨胀产生的通道迁移析出，脱离了基体，导致其产生较高的失重率。然而，与第一次吸水后的失重率相比，第二次及第三次吸水后的失重率相对较低。这是由于 TPV 表层的吸水粒子在第一次吸水过程中发生较多的析出，导致第一次失重率较大，而包裹在 NBR 相中的 CPNaAA 粒子较难析出，因而第二次、第三次吸水后的失重率相对较低。

表 5-2　不同吸水次数下 EVA/CM/NBR/CPNaAA TPV 烘干后的失重率

EVA/CM/NBR/CPNaAA TPV 橡塑比(质量比)	S_{L1}(第一次) /%	S_{L2}(第二次) /%	S_{L3}(第三次) /%
30/10/70	0.26	0.16	0.00
30/10/70/20	7.19	2.90	6.39
30/10/70/30	12.47	5.66	2.44
30/10/70/40	16.94	4.76	2.60
30/10/70/50	20.93	8.60	0.65
30/10/70/60	27.16	3.76	0.92

为了考核吸水膨胀 EVA/CM/NBR/CPNaAA TPV 的循环使用性能即多次吸水性能,对经过第一次吸水后的 TPV 样品进行干燥,之后依次进行第二次及第三次吸水性能测试。图 5-3 显示了 EVA/CM/NBR/CPNaAA TPV 的第二次吸水性能曲线。图 5-4 显示了 EVA/CM/NBR/CPNaAA TPV 的第三次吸水性能曲线。从图 5-3 和图 5-4 中的曲线对比可以看出,随着 TPV 体系中吸水材料 CPNaAA 含量的增加,TPV 的第二次和第三次吸水率逐渐增大,且与一次吸水时的最大吸水膨胀率相比,在进行第二次及第三次吸水时,最大吸水膨胀率仅有小幅度降低。此外,第二次及第三次吸水的吸水速率远远大于第一次吸水时的吸水速率。例如,CPNaAA 含量为 60phr 的 TPV 在第二次吸水时,在吸水 24h 时吸水膨胀率可达446.8%,这是因为在第一次吸水膨胀过程中,多相体系中产生的空隙,在吸水后的干燥过程未能彻底愈合,可能为后续的快速吸水,起到了促进作用。

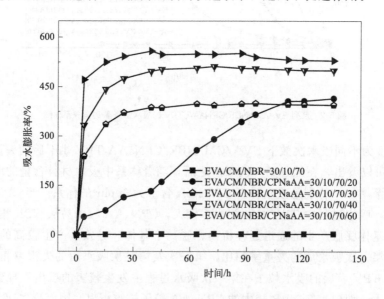

图 5-3　EVA/CM/NBR/CPNaAA TPV 的第二次吸水性能曲线

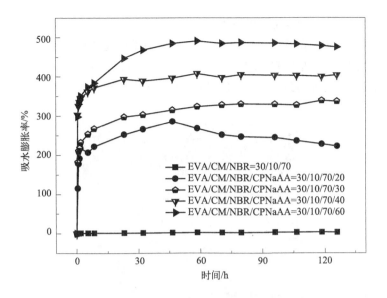

图 5-4　EVA/CM/NBR/CPNaAA TPV 的第三次吸水性能曲线

5.2.2　EVA/CM/NBR/CPNaAA TPV 的微观相态

图 5-5 为 CPNaAA 粒子微观形貌 SEM 照片。从图 5-5 中可见，CPNaAA 粒子尺寸在 $15\sim150\mu m$，形貌不规则。对于高分子复合材料而言，这个尺度的 CP-NaAA 粒子充填到 TPV 体系时，已经很难发挥增强体的作用，通常只会严重降低体系的力学性能。

图 5-5　CPNaAA 粒子微观形貌 SEM 照片

图 5-6 为 EVA/CM/NBR/CPNaAA（质量比 30/10/70/20）TPV 的拉伸断面形貌 SEM 照片。从图 5-6 中可以看出，拉伸断面表面松散；还可清晰地观察到 CPNaAA 粒

子被包埋在基体之中。但是也可以看出，有的 CPNaAA 粒子在拉伸过程中已经与 NBR 相脱离，与基体之间存在缝隙，这也导致了 TPV 力学性能的降低。一方面，CPNaAA 粒子的尺寸较大，使其难以起到增强体的作用；另一方面，NBR 与 CPNaAA 粒子之间的界面作用较低。两者的共同作用，使得复合体系力学性能发生下降。

图 5-6　EVA/CM/NBR/CPNaAA（质量比 30/10/70/20）TPV 的拉伸断面形貌 SEM 照片

　　将 EVA/CM/NBR/CPNaAA TPV 在 100℃的二甲苯中刻蚀 30min。图 5-7 为 EVA/CM/NBR/CPNaAA（质量比 30/10/70/50）TPV 的刻蚀表面形貌 SEM 照片。从图 5-7(a) 中可以看到，由于 TPV 表层的 EVA 基体已经被部分刻蚀去除，CPNaAA 粒子均匀分布在 TPV 的刻蚀表面并且部分凸起，其外观形貌与图 5-5 中的基本一致，这表明即使经过动态硫化过程中的高温及强剪切力作用，CPNaAA 的粒子形貌依旧稳定。还可以看出，CPNaAA 粒子表面覆盖着 NBR 胶，如图 5-7(b) 所示。这暗示了 CPNaAA 粒子与 NBR 胶有一定的界面相互作用和界面相容性。值得注意的是，如图 5-7(c) 和(d) 所示，在刻蚀样品的部分区域成功观察到了 EVA 球晶的片层结构，这表明刻蚀条件还是很温和的。

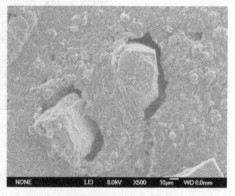

(a) TPV表层的CPNaAA粒子，放大50倍　　　　　　(b) TPV表层的CPNaAA粒子，放大500倍

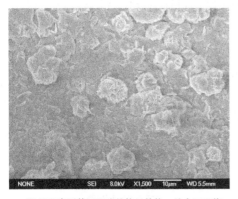

(c) TPV表层的EVA球晶片层结构，放大1500倍　　　　(d) TPV表层的EVA球晶片层结构，放大5000倍

图 5-7　EVA/CM/NBR/CPNaAA (30/10/70/50) TPV 的刻蚀表面形貌 SEM 照片

图 5-8 为一次吸水烘干后 EVA/CM/NBR/CPNaAA（30/10/70/50）TPV 表面的 SEM 照片。从图 5-8 中可以看出，一次吸水烘干后的表面存在一些由于吸水粒子的膨胀而产生的孔道，而这些膨胀产生的孔道会有利于水分子进入 TPV 内部，从而使得 TPV 在此后的第二次及第三次吸水过程中具有较高吸水速率，这与图 5-3 及图 5-4 中的结果是一致的。另外，如图 5-8 中箭头 a 所示，一些 CPNaAA 粒子尚被包覆于 NBR 相之中，一些 CPNaAA 粒子如箭头 b 所示已经脱离了 TPV 体系并沉积在样品表面，并形成了如箭头 c 所示的坑状物。TPV 表面吸水粒子的迁移也造成了 TPV 较高的失重率，这与表 5-2 中 TPV 一次吸水后较高失重率的数据是一致的。

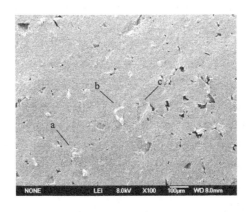

图 5-8　一次吸水烘干后 EVA/CM/NBR/CPNaAA (30/10/70/50) TPV 表面的 SEM 照片

5.2.3 吸水环境对吸水膨胀型 EVA/CM/NBR/CPNaAA TPV 吸水性能影响

图 5-9 为 EVA/CM/NBR/CPNaAA（30/10/70/50）TPV 在不同浓度 NaCl 溶液中的吸水膨胀率-时间曲线。从图 5-9 中曲线可以看出，在 TPV 达到吸水平衡前，其吸水率随着吸水时间的增加而增加。当 TPV 达到吸水平衡后，其吸水率随时间的增加发生一定程度下降，TPV 的吸水膨胀率则随着 NaCl 溶液浓度的增加而逐渐下降。

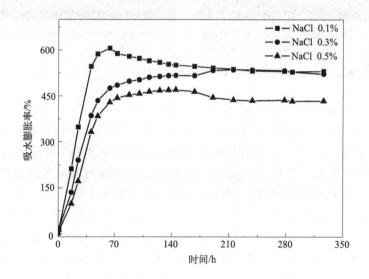

图 5-9 EVA/CM/NBR/CPNaAA（30/10/70/50） TPV 在不同浓度 NaCl 溶液中的吸水膨胀率-时间曲线

当 EVA/CM/NBR/CPNaAA TPV 在吸水时，CPNaAA 分子链上的—COONa 基团与水接触会产生部分水解，发生不完全电离，产生—COO$^-$和 Na$^+$。未水解的—COONa 亲水基团和电离产生的—COO$^-$二者均对水分子具有吸附作用；同时，电离产生的—COO$^-$离子之间由于静电作用而相互排斥。当这二者的作用大于基体的束缚力时，TPV 的网络被撑开，从而使得水分子涌进形成游离水，发生吸水膨胀。然而，当 TPV 处于 NaCl 溶液环境时，溶液中的强电解质 NaCl 发生完全电离，产生大量的 Na$^+$，由于同离子效应的作用，吸水基团—COONa 电离困难，从而导致阴离子—COO$^-$数目大幅度降低，产生的静电排斥作用减小，导致吸水率发生一定程度下降。

图 5-10 为 EVA/CM/NBR/CPNaAA（质量比 30/10/70/50）TPV 在 H$_2$SO$_4$ 稀溶液及 NaOH 稀溶液中的吸水膨胀率-时间关系曲线。从图 5-10 中曲线可以看出，TPV 体系在稀 H$_2$SO$_4$ 溶液中的吸水率下降非常严重，远远超过了体系在

NaCl 稀溶液中吸水率的下降程度，这与 CPNaAA 上的吸水基团—COONa 的电化学性质有关。—COONa 为强碱弱酸盐的弱电解质，在蒸馏水中发生电离后产生的—COO$^-$ 又会发生水解反应，与水中的 H$^+$ 复合形成羧酸基团—COOH。蒸馏水呈中性，H$^+$ 浓度很低，—COO$^-$ 的水解反应微弱，可以忽略。但是，当—COONa 处于酸性环境时，溶液中 H$^+$ 浓度远高于蒸馏水，—COO$^-$ 的水解反应很强，大部分—COONa 电离产生的—COO$^-$ 都被 H$^+$ 复合生成电中性的—COOH 基团，CP-NaAA 分子链上—COO$^-$ 产生的静电排斥作用大幅度减弱，吸水膨胀作用受到严重限制，导致了 EVA/CM/NBR/CPNaAA TPV 在稀酸性溶液中的吸水率发生严重下降。

从图 5-10 中还可以看出，EVA/CM/NBR/CPNaAA TPV 的吸水率在 NaOH 浓度为 0.1％时略有增加，这应该是由体系中残余的羧酸根的电离引起的，即微碱环境有利于吸水率的提高。对于 CPNaAA 而言，其分子中残留着未参加反应的—COOH 基团。但与弱碱接触时，这些—COOH 基团反应生成—COONa，之后离解成—COO$^-$ 和 Na$^+$，并提高了内外渗透压，提高了吸水能力。但是，随着 NaOH 浓度的增加，吸水率逐渐下降。这是由于 NaOH 是强电解质，类似于 NaCl；电解产生的 Na$^+$ 会对—COONa 产生同离子效应，抑制—COO$^-$ 的形成，静电排斥作用减小，从而抑制了吸水膨胀。

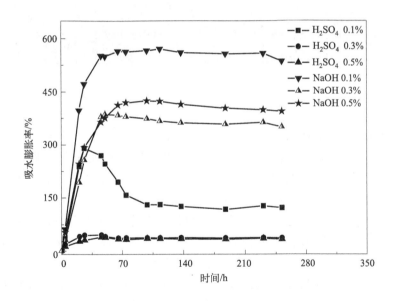

图 5-10　TPV 在 H$_2$SO$_4$ 稀溶液及 NaOH 稀溶液中的吸水膨胀率-时间关系曲线

可见，对于以 CPNaAA 为吸水组分的 EVA/CM/NBR/CPNaAA TPV 来说，当所处吸水环境溶液中离子浓度很低，且溶液 pH 值呈现微弱碱性的时候，其

TPV 的吸水膨胀率最高。

5.2.4 吸水膨胀型 EVA/CM/NBR/CPNaAA TPV 析出物研究

图 5-11 为 EVA/CM/NBR/CPNaAA TPV 吸水前后的实物侧面照片。从图 5-11 中可以看出，与吸水前的样品相比，吸水后的样品体积有了显著增大，并且如图中箭头 a 所示位置，可以看到很多明显的孔洞。这些孔洞是由于部分吸水材料从基体中析出脱离而形成的，吸水材料的析出，也是吸水 TPV 样品经干燥后发生失重的根本原因。

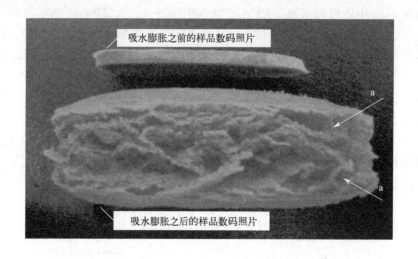

图 5-11 EVA/CM/NBR/CPNaAA TPV 吸水前后的实物侧面照片

表 5-3 为 EVA/CM/NBR/CPNaAA TPV 的理论二次吸水率和实际二次吸水率。其中，理论二次吸水率是假设 TPV 吸水后析出物质全部为吸水材料 CP-NaAA，之后根据计算的样品中残余吸水材料含量，基于图 5-2 中吸水材料含量和吸水膨胀关系曲线所得到的理论吸水膨胀率。EVA/CM/NBR/CPNaAA TPV（质量比 30/10/70/40）在 80℃下烘干至恒重的脱水失重率为 16.94%，而 TPV 中 CPNaAA 含量可以通过配方计算得到为 25.34%。假设失重物质全部为 CP-NaAA，则理论上 CPNaAA 在体系中的剩余量为 8.40%，按此 CPNaAA 含量从图 5-2 可以推算出 EVA/CM/NBR/CPNaAA TPV（30/10/70/40）TPV 的理论二次吸水率要低于 150%，但其二次吸水实际吸水率为 511.72%，远高于理论二次吸水率。

表 5-3　EVA/CM/NBR/CPNaAA TPV 的理论二次吸水率和实际二次吸水率

EVA/CM/NBR /CPNaAA TPV （质量比）	CPNaAA 含量 （质量分数）/%	一次失重率 （质量分数）/%	CPNaAA 理论 残留含量/%	理论二次吸 水率 72h/%	实际二次吸 水率 72h/%
30/10/70/40	25.34	16.94	8.40	<150	511.72
30/10/70/60	33.73	27.16	6.57	<150	548.27

表 5-3 测试数据的分析还表明，EVA/CM/NBR/CPNaAA TPV 吸水后的析出物仅部分为吸水材料 CPNaAA，部分析出物可能为 TPV 基体材料破碎后而析出产生的。为了证实这一猜测，对析出物进行了烘干并通过 SEM 观察了其微观结构。

图 5-12 为 EVA/CM/NBR/CPNaAA（质量比 30/10/70/60）TPV 析出物烘干后样品的 SEM 图。与图 5-5 中 CPNaAA 粒子的 SEM 图相比较可以看出，图 5-12 中的析出物粒子表面轮廓较为模糊，CPNaAA 粒子表面包裹着其他物质，较高的吸水体积膨胀会导致部分 TPV 基体发生破碎，这些破碎的基体残渣与析出脱离的 CPNaAA 粒子从 TPV 中脱落，并聚集在一起。CPNaAA 含量很高时的吸水膨胀率很大，TPV 的基体受到巨大膨胀力，TPV 在大形变下会发生部分破碎，EVA/CM/NBR/CPNaAA TPV 在吸水后的析出物不仅仅是吸水粒子 CPNaAA，也伴有相当一部分的 TPV 碎片。

图 5-12　EVA/CM/NBR/CPNaAA（质量比 30/10/70/60） TPV 析出物烘干后样品的 SEM 图

图 5-13（a）和（b）分别为 EVA/CM/NBR/CPNaAA（质量比 30/10/70/50）TPV 吸水过程及烘干过程的实物照片。从图 5-13 的照片中还可以看到样品在水中逐步膨胀的过程及产生的吸水孔道，这些孔道在样品干燥以后仍有残留。

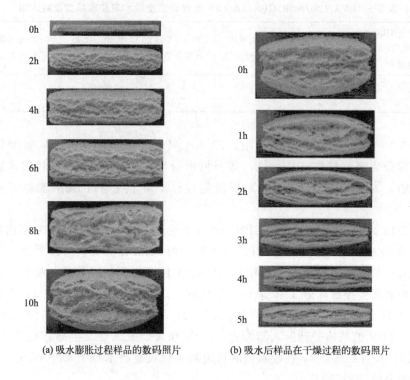

(a) 吸水膨胀过程样品的数码照片　　　　(b) 吸水后样品在干燥过程的数码照片

图 5-13　EVA/CM/NBR/CPNaAA（质量比 30/10/70/50）　TPV 吸水过程及烘干过程的实物照片

5.3　基于 CPE 增容 HDPE/NBR 热塑性硫化胶的吸水膨胀橡胶

　　魏东亚等以 CPE 增容 HDPE/NBR TPV 为基体，以 CPNaAA 为吸水材料，制备出具有高吸水膨胀率的吸水膨胀型 TPV，其吸水行为如下。

　　图 5-14 显示了系列 HDPE/CPE/NBR/CPNaAA TPV 的吸水膨胀率-时间曲线。从图 5-14 中可以看出，随着 TPV 中吸水材料含量的升高，体系的吸水膨胀率显著提高。当吸水时间为 55 h 时，吸水膨胀率由 3.9%（未添加 CPNaAA 的 TPV 样品）急剧增加到 956.7%（添加 70phr CPNaAA 的 TPV 样品）。对比可以看出，当未在 TPV 中加入吸水材料时，体系几乎不表现出吸水行为。当 TPV 中 CP-NaAA 加入量为 20phr 时，此时体系的吸水行为也并不显著。但当吸水材料含量大于 40phr 时，体系的吸水行为就变得相当显著了。从图 5-14 还可以看出，提高 TPV 体系中的 CPNaAA 含量，达到吸水平衡所需时间明显减少。当体系中 CP-NaAA 的加入量为 70phr 时，该样品只需在蒸馏水中浸渍 55h，即可以达到吸水平衡状态。

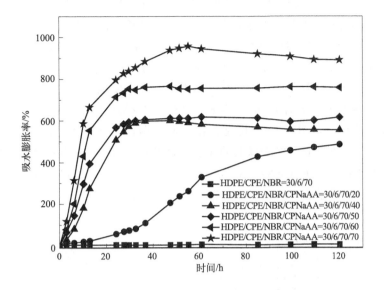

图 5-14　系列 HDPE/CPE/NBR/CPNaAA TPV 的吸水膨胀率-时间曲线

　　图 5-15 显示的是系列 HDPE/CPE/NBR/CPNaAA TPV 的吸水膨胀速率-时间曲线。从图 5-15 中可见，在相同吸水时间条件下，体系的吸水速率随着 CPNaAA含量的增加而显著增高。当吸水材料的加入量为 70phr 时，体系在吸水 6.3 h 时即

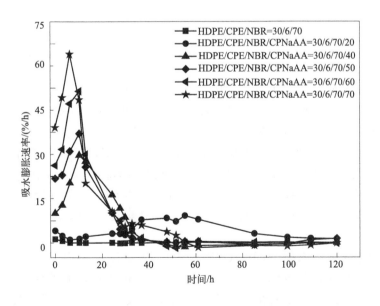

图 5-15　系列 HDPE/CPE/NBR/CPNaAA TPV 的吸水膨胀速率-时间曲线

达到 63.8%/h 的最大吸水速率。在吸水过程初期，吸水速率显著增加，之后达到最大吸水速率，随后吸水速率逐渐降低直至吸水平衡状态。从图 5-15 还可以看出，达到吸水速率最大值所需时间随着体系中吸水材料含量的增加而显著降低。CP-NaAA 的加入量对于 TPV 的吸水行为而言，发挥着非常重要的作用，其含量越高，在吸水膨胀过程中产生的膨胀力就越大，吸水速度也就越快。

图 5-16 显示了吸水后 HDPE/CPE/NBR/CPNaAA TPV 在 80℃下的水分保持率-时间关系曲线。从图 5-16 中可见，在干燥初期，系列吸水 TPV 的水分保持率随时间增加而迅速降低，之后降低的速度迅速减慢并在 8h 左右达到稳定状态；相比于 HDPE/CPE/NBR/CPNaAA TPV，未加入 CPNaAA 的 TPV 体系由于基本未吸水，因而在干燥过程中，其水分保持率基本处于稳定状态。

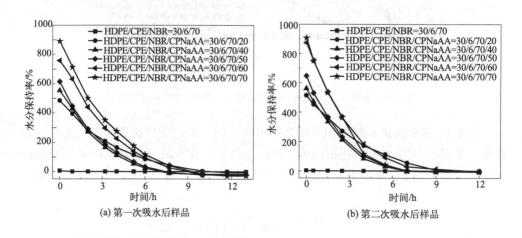

图 5-16　吸水后 HDPE/CPE/NBR/CPNaAA TPV 在 80℃下的水分保持率-时间曲线

为了考察系列 HDPE/CPE/NBR/CPNaAA TPV 的重复吸水行为，对样品进行了第二次及第三次吸水研究。图 5-17 是系列 HDPE/CPE/NBR/CPNaAA TPV 的第二次吸水过程中吸水膨胀率-时间关系曲线图，图 5-18 是系列 HDPE/CPE/NBR/CPNaAA TPV 的第三次吸水过程中吸水膨胀率-时间关系曲线图。从图 5-17 与图 5-18 中可以看出，与第一次的吸水行为类似，随着 CPNaAA 含量增加，TPV 的第二次及第三次吸水率逐渐增大；而且与第一次吸水时的最大吸水率相比，第二次及第三次吸水的最大吸水率变化幅度不大，但达到最大吸水膨胀所需时间却显著减少。

不同吸水次数下系列 HDPE/CPE/NBR/CPNaAA TPV 烘干后的失重率见表 5-4。从表 5-4 可见，随着体系中 CPNaAA 加入量的提高，失重率呈逐渐上升趋势。当 TPV 中 CPNaAA 的含量一定时，与第一次吸水、烘干后的失重率相比，第二次及第三次吸水、烘干后的失重率明显降低；而且对于同一试样，失重率随着吸水次数的增加而逐渐降低。对比图 5-14、图 5-17 及图 5-18 可以看出，虽然第一次吸水后样品的失重率较高，但第二次和第三次吸水过程的吸水率并未发生大幅度下降，这暗示了表 5-4 中的失重部分不完全是吸水材料，很可能是吸水材料和 TPV 基体的混合物。

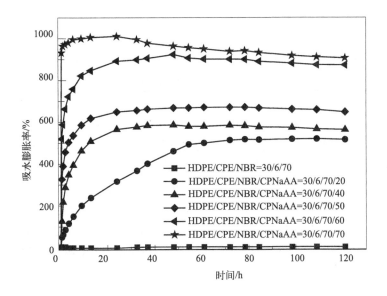

图 5-17　系列 HDPE/CPE/NBR/CPNaAA TPV 的第二次吸水过程中吸水膨胀率-时间关系曲线

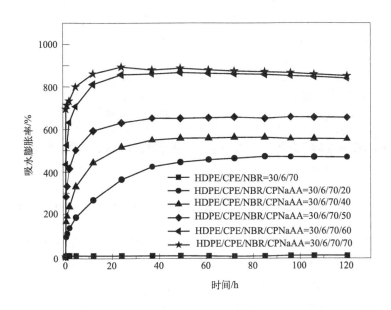

图 5-18　系列 HDPE/CPE/NBR/CPNaAA TPV 的第三次吸水过程中吸水膨胀率-时间关系曲线

表 5-4　不同吸水次数下系列 HDPE/CPE/NBR/CPNaAA TPV 烘干后的失重率

HDPE/CPE/NBR/CPNaAA （质量比）	S_{L1}（第一次）/%	S_{L2}（第二次）/%	S_{L3}（第三次）/%
30/6/70	0	0	0
30/6/70/20	5.74	2.17	0.90
30/6/70/40	17.16	3.78	1.00
30/6/70/50	21.27	3.90	1.07
30/6/70/60	23.81	4.32	1.27
30/6/70/70	28.13	5.98	1.34

图 5-19 显示的是 HDPE/CPE/NBR/CPNaAA（质量比＝30/6/70/40）TPV 的刻蚀表面 SEM 图。TPV 表层的基体相被选择性刻蚀去除，NBR 和 CPNaAA 由于已经发生交联不能溶解，因而在样品表面得以凸显。从图 5-19(a) 中可见，TPV 中的 CPNaAA 粒子，部分被 NBR 包裹，均匀分散在 TPV 基体当中。从图 5-19(a) 中还可以看到一些孔洞，这可能是由 CPNaAA 粒子在刻蚀的过程中脱落而导致的。为了进一步研究 TPV 基体的结构，将图 5-19(a) 中方框内的区域进行了放大，如图 5-19(b) 所示。可以看出，TPV 基体中 NBR 粒子均匀分散在基体中，其粒子尺寸在 10~15μm 之间。

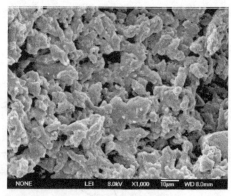

(a) 放大100倍　　　　　　　　　　　　　(b) 放大1000倍

图 5-19　HDPE/CPE/NBR/CPNaAA (质量比= 30/6/70/40) TPV 的刻蚀表面 SEM 图

对 HDPE/CPE/NBR/CPNaAA TPV 在第一次吸水前及第一次吸水干燥后的被撕裂的表面进行观察，图 5-20 显示的是第一次吸水和干燥前后 HDPE/CPE/NBR/CPNaAA（质量比＝30/6/70/70）TPV 撕裂面的 SEM 图。从图 5-20(a) 可以看出，CPNaAA 粒子在 TPV 基体中分散较为均匀，没有出现团聚现象。但撕裂后表面的结构松散，CPNaAA 粒子松散地嵌在断面，部分 CPNaAA 粒子在撕裂过程中已经与 TPV 脱离，并在断面处形成孔洞。由于 CPNaAA 粒子尺寸较大且极性很强，与基体的界面作用力相对较弱，由此也导致了 TPV 力学性能的降低。从图 5-20(b) 可以看出，与第一次吸水前撕裂面形貌不同，在吸水干燥后的撕裂表面不仅存在 CPNaAA 粒子，还可以发现如图中箭头所示的平坦区域。在样品吸水和干燥的过程中，TPV 会发生较大形变，这种大的形变会造成 CPNaAA 粒子与 TPV 基体之间发生相分离，并形成如图 5-20(b) 中的平坦区域。

(a) 第一次吸水前的撕裂TPV表面　　　　　　(b) 第一次吸水干燥后的撕裂TPV表面

图 5-20　第一次吸水和干燥前后 HDPE/CPE/NBR/CPNaAA
（质量比= 30/6/70/70）　TPV 撕裂面的 SEM 图

图 5-21 为第一次吸水和干燥前后 HDPE/CPE/NBR/CPNaAA（质量比 = 30/6/70/70）TPV 表面 SEM 图。从图 5-21(a) 中可见，吸水前的 TPV 表面相对平坦，其中部分条状结构应该是复制了模具内铺垫的铝箔表面自身划痕而导致的。此外，还可以看出部分轻微凸起的结构，根据之前对 CPNaAA 粒子形貌的研究，可以推断这些凸起应该是 CPNaAA 粒子在模压成型过程中形成的。从图 5-21(b) 可见，经过第一次吸水、烘干后的表面存在一些明显的缝隙和孔洞。TPV 在吸水膨胀过程中会发生较大形变，其 TPV 基体结构会发生一定程度的破坏，并由此导致 TPV 表面缝隙的形成。此外，处于样品表层的 CPNaAA 粒子吸水膨胀后容易从基体中迁移并析出到水中，从而形成孔洞。这些缝隙和孔洞的存在有利于水分子进入 TPV 内部。

在第一次吸水过程中，TPV 基体发生部分破坏，也使得后续吸水过程中的束缚力降低，这些因素的共同作用使得 TPV 在第二次及第三次吸水过程中表现出较高的吸水率及吸水速率，这与图 5-17 与图 5-18 的结果一致。TPV 样品表层的 CPNaAA 粒子迁移造成了第一次吸水干燥后较高的失重率，而样品内部的吸水粒子由于被 TPV 基体包裹难以发生迁移，从而使第二次及第三次吸水干燥后的失重率较低，这与表 5-4 中结果是一致的。

图 5-22 显示的是 HDPE/CPE/NBR/CPNaAA（质量比＝30/6/70/70）TPV 的

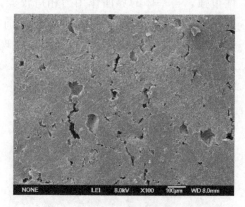

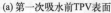

(a) 第一次吸水前TPV表面　　　　　　　　(b) 第一次吸水干燥后TPV表面

图 5-21　第一次吸水和干燥前后 HDPE/CPE/NBR/CPNaAA
（质量比= 30/6/70/70） TPV 表面的 SEM 图

吸水析出物干燥后的 SEM 图。从图 5-22 中可见，吸水析出物的表面形态与 CP-NaAA 粒子有明显不同，图中箭头 a 所示的粒子是 CPNaAA 粒子，而如箭头 b 所示的则是 TPV 的碎屑。TPV 样品在第一次、第二次及第三次吸水时均保持着较大的吸水率及较高的吸水速率，也暗示了吸水过程中的析出物不仅仅是 CPNaAA 粒子，也是 CPNaAA 及 TPV 的混合物。

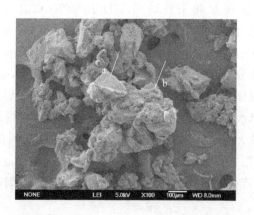

图 5-22　HDPE/CPE/NBR/CPNaAA（质量比= 30/6/70/70） TPV 的吸水析出物干燥后 SEM 图

5.4　基于其他热塑性硫化胶的吸水膨胀橡胶

魏东亚等以交联聚丙烯酸钠、原位生成丙烯酸钠或者二者并用作为吸水材料，以 ABS/NBR TPV 作为基体材料，制备出具有良好循环应用性能、可重复加工行为的吸水膨胀 TPV。郎丰正等以 CPNaAA 为吸水材料，以 PVC/CM TPV 为基体，将 CPNaAA 分散到 CM 相，制备出吸水膨胀型 PVC/CPNaAA/CM TPV。

图 5-23 是生物显微镜下 CPNaAA 粒子的微观形貌照片。可以看出，CPNaAA 吸水树脂粉体的尺寸大小不一，外观不规则，呈碎屑状，其尺寸在几十微米至 $150\mu m$ 之间。这种外观形态应该是在其生产过程中形成的。

图 5-23　生物显微镜下 CPNaAA 粒子的微观形貌照片

图 5-24 为 PVC/CPNaAA/CM（质量比 30/60/70）TPV 的相差显微镜照片。从图 5-24 中可以看出，图中的不规则大粒子为 CM 分散相粒子，其内部的方形粒子则为 CPNaAA 粒子，CPNaAA 粒子被充分地密封在 CM 橡胶中。该 TPV 中 PVC 为连续相，而 CPNaAA 在混炼时被混入 CM 中，TPV 中存在包裹了 CP-NaAA 粒子的 CM 分散相，实现了对吸水 CPNaAA 粒子的封闭作用，一定程度上避免了在吸水实验中过多 CPNaAA 粒子从 TPV 中的脱离。

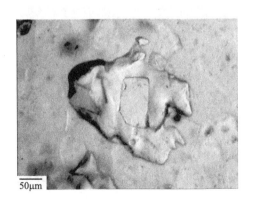

图 5-24　PVC/CPNaAA/CM（质量比 30/60/70）TPV 的相差显微镜照片

图 5-25 为 PVC/CPNaAA/CM（质量比 30/60/70）TPV 的表面刻蚀 SEM 图。从图 5-25 中可见，TPV 表层中的 PVC 被四氢呋喃（THF）溶剂选择性地刻蚀掉了，表面有很多粒子凸起，从其外观形貌上可以判断，这是包裹有一层 CM 橡胶相的 CPNaAA 粒子。这些 CPNaAA 粒子没有发生团聚现象，且其外观形貌与图 5-23 中的 CPNaAA 形貌基本一致。CPNaAA 自身为交联结构，具有相对稳定的形貌且在熔融共混过程中，其形态也保持不变。从图 5-25 中还可以看出，CPNaAA 粒子表面均被 CM 包裹，表明在加工过程中已实现了 CPNaAA 在 CM 橡胶中的分散。

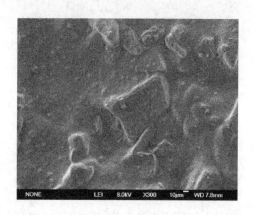

图 5-25　PVC/CPNaAA/CM（质量比 30/60/70）TPV 的表面刻蚀 SEM 图

图 5-26 是 PVC/CPNaAA/CM（质量比 30/60/70）TPV 的拉伸断面 SEM 图。从图 5-26 中可见，TPV 拉伸断面的表面较粗糙，外观不规则，CPNaAA 粒子或松散地嵌入 TPV 中或散落在断面。CPNaAA 为强电解质型吸水聚合物，虽然 PVC

图 5-26　PVC/CPNaAA/CM（质量比 30/60/70）TPV 的拉伸断面 SEM 图

与 CM 极性较强，但二者均属于亲油疏水材料，较大差异的相容性导致了 CP-NaAA 与 PVC、CM 之间的部分脱黏。另外，CPNaAA 粒子由于尺寸在 $100\mu m$ 左右，已大幅度超过了增强填料粒子的适宜尺寸，TPV 中大量 CPNaAA 刚性粒子的引入，给复合体系带来较多缺陷，并由此导致了 TPV 体系的力学性能较低。

王利杰等制备了具有良好吸水膨胀行为的 EVA/CPNaAA/CM 吸水膨胀性 TPV。以热塑性硫化胶作为基体，通过共混法制备具有吸水膨胀行为的新型 TPV，为 WSR 材料的拓展开辟了一个全新方向，解决了传统 WSR 材料难以循环应用的弊病，并赋予其高的吸水膨胀率。但需要指出的是，目前基于热塑性硫化胶的吸水膨胀橡胶，较大粒径的吸水材料粒子对 TPV 基体力学性能的伤害以及吸水材料的相迁移而言，仍是制约吸水膨胀型热塑性硫化胶工业化应用的重要因素，有效减少吸水材料的粒径、改善界面作用将是行之有效的改进方法。

第6章 基于热塑性硫化胶的形状记忆材料

　　智能材料是指微结构中具有内在传感、驱动、控制或信息处理能力的材料，智能结构则是一类具有宏观嵌入式或内置传感器、执行器的结构系统，大多数通过外部微处理器或计算机进行控制。智能材料和结构能够响应外部环境变化并展现出自身独特的功能，即它们可以在适当的时间和条件下以预先设定好的方式和形状作出响应，并在外加条件消除后能够快速回复到原始状态。众所周知，目前很少有单独的材料同时具备这些能力，因此智能材料/智能材料系统通常不是单一的材料，而是复合材料或材料的集成系统。在已研究的智能材料中，形状记忆合金、压电陶瓷、磁（电）致伸缩材料、功能高分子材料等具有多功能或原始智能的特征，在集成和混合智能材料时可能会发现具有感应、控制和多功能响应等内在机制的复合材料。

　　形状记忆材料（SMM）作为智能/智能复合材料的重要组成之一具有不同寻常的特性，包括形状记忆效应（shape memory effect，SME）、伪弹性或可回复应变、高阻尼能力和自适应性等，这是由材料中的（可逆）相变引起的。其中 SME 作为一种特殊的形状机械现象，通常用形状记忆周期（shape memory cycle，SMC）来进行描述。图 6-1 显示了一个形状记忆的周期示意。SMM 可测到热、机械、磁或电的刺激并表现出驱动或某种预先确定的响应，从而可以调整某些技术参数，例如形状、位置、应变、刚度、固有频率、阻尼、摩擦以及其他静态或动态材料系统响应环境变化的特性。

　　迄今为止，已发现合金、陶瓷、高分子材料和凝胶类材料可表现出 SME 行为，SMM 在基础和工程方面都得到了广泛研究，部分材料已得到商业应用。特别是某些 SMM 可以很容易地被制成薄膜、纤维、金属丝甚至是多孔的块体，从而使其可与其他材料结合形成复合材料。

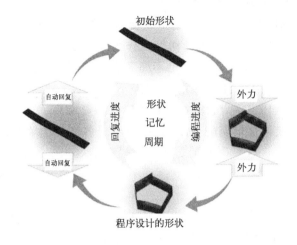

图 6-1 一个形状记忆周期的示意

6.1 形状记忆高分子材料发展历程

形状记忆高分子材料（shape memory polymer，SMP）属于 SMM 中的重要分支，被认为是能够"记忆"永久形状并可以在适当条件下以某种方式"固定"临时形状的高分子材料，而且可以在随后的外界刺激（如光、热、电、磁等）等条件下实现从临时形状到永久形状的转变。与其他材料相比，SMP 具有较低密度、较高应力承受能力、良好生物相容性、易于加工改性等优点，使其成为形状记忆领域的研究热点之一。

在过去的二十多年中，SMP 已经发展成为一个重要的研究领域。但是，对于 SMP 的开发研究则可以追溯到 20 世纪 40 年代。1941 年 Vernon 等在牙科材料——甲基丙烯酸酯树脂中首次发现了形状记忆现象。20 世纪 60 年代热收缩形状记忆 PE 的应用标志着 SMP 的发展进入了新阶段，研究人员开始重点关注不同类型 SMP 的开发及应用。1984 年，法国研发了聚降冰片烯 SMP。1988 年，日本开发了反式聚异戊二烯 SMP、苯乙烯-丁二烯共聚 SMP，并开发了第一种基于聚氨酯的 SMP。在近几十年中，形状记忆水凝胶、电活性高分子材料、热塑性 SMP、热固性 SMP 等陆续进入人们的研究视野。

SMP 的研究主要集中在热塑性 SMP 和热固性 SMP 两大类。其中，热塑性 SMP 的研究较早，主要包括热塑性形状记忆聚氨酯及热塑性形状记忆硫化胶等。Jeong、Tobushi 和 Kim 等以 TPU 为研究对象，系统研究了软硬段结构、组成、分子量和含量变化对聚氨酯形状记忆材料性能的影响。徐传辉、袁道升和王兆波等则以不同类型的 TPV 为研究对象，探索了不同橡塑比、添加剂、形变温度及回复温度等对 TPV 形状记忆材料性能的影响。

由于热塑性 SMP 成本较低、易于加工变形，因而具有很大的研究发展空间。但是，热塑性 SMP 通常依靠分子链纠缠点作为固定的变形点，因此在实际应用中机械强度不高，固定和回复精度也不是很好。与热塑性 SMP 相比，热固性 SMP 在具有良好形状记忆材料性能的前提下可极大地提升材料的机械强度。Rule 等以聚己内酯（PCL）为软段，制得了形状回复率高、记忆特性好、生物相容性好的热固性形状记忆聚氨酯。Lendlein 研究了各种可生物降解交联 PCL、聚交酯和聚氨酯 SMP。Gall 等研究了交联聚丙烯酸酯 SMP。Leng 等对系列的苯乙烯、环氧树脂和异氰酸酯热固性 SMP 进行了研究。这些 SMP 普遍具有良好的热机械特性。

在 20 世纪 90 年代，研究人员首次对形状记忆水凝胶进行了报道，与早期的形状记忆水凝胶主要采用热诱导型不同，化学交联型水凝胶具有高吸水性，可作为溶液型化学反应的载体。与其他低溶剂高分子材料、离子开关、pH 开关等新型 SMP 相比，可在水凝胶的链段中引入不同的修饰基团，具有很大性能优势。

通常 SMP 包括至少一个稳定的分子网络（可逆相）和一个第二相（固定相）。稳定的网络是通过化学交联、结晶相或互穿网络实现的，提供了一个保持永久形状的弹性网络结构，即该阶段的变形是形状回复的主要驱动力。图 6-2 显示了常见的 SMP 聚集态结构，第二相可以通过玻璃化转变、晶态转变、液晶相转变、可逆共价键或非共价键等方式来固定临时形状，适用于 SMP 的三个重要转变温度（T_{sw}），分别是玻璃化转变温度（T_g）、熔融温度（T_m）和各向同性温度（T_i）。

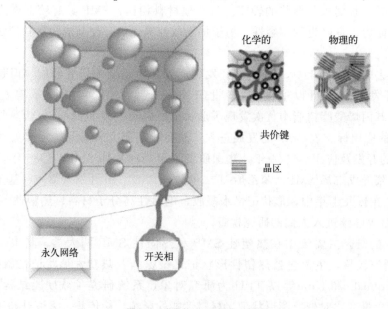

图 6-2 常见的 SMP 聚集态结构

玻璃化转变可以用来描述化学交联热固性材料和物理交联热塑性高分子材料。T_m 基 SMP（以熔点温度作为转变温度的 SMP）往往具有比其他材料更高的刚度及更快的形状回复速度，研究最多的 T_m 基 SMP 包括聚烯烃、聚醚及聚酯等。熔融转变可以用来描述半结晶高分子材料网络和化学交联橡胶等。T_i 用来描述液晶型 SMP 的转变温度，通过引入化学或物理交联，液晶弹性体从各向异性相变为各向同性相。T_i 基 SMP 取向的可逆变化使高分子材料形成可逆的形状或双重 SME。

图 6-3 为典型的温度响应型 SMP 的形状记忆回复的示意，任何 SMP 器件形状的构造都包括初始的加工步骤（例如挤压、旋转、压制等），这为后续进行形状记忆测试提供样品支持。临时形状的变形过程需要施加外部机械力，当温度升高到 T_{sw} 时，高分子材料中的链段解锁，材料宏观上表现为高弹性，允许其发生较大程度的变形。在外部机械力作用下，当温度降至 T_{sw} 以下时，高分子的链段不会回复到低熵状态，但链段的内旋转会被锁定，材料在宏观上表现出临时形状。如果在使用过程中将形成临时形状的 SMP 置于 T_{sw} 之上时，其将转变回其永久形状，理论上该循环变形和回复过程可多次重复进行。

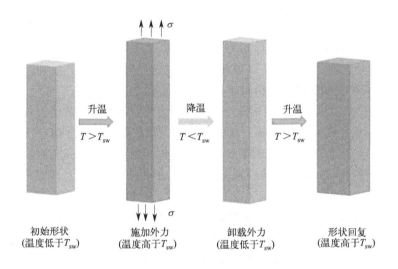

图 6-3 典型的温度响应型 SMP 的形状记忆回复的示意

由于可逆相与固定相的存在，SMP 可做到对形状的编程设计，在不同的 SMC 中，临时形状可以在一定范围内自由固定。当 SMP 位于 T_{sw} 时，在外部机械力作用下，材料可以任意变形，然后迅速降低温度保持临时形状，从而做到了对形状的可编程设计。但是，对于其他活性材料，例如普通的水凝胶或电活性高分子材料，仅能在特定的外部刺激（例如湿度或电压）下呈现特定形状，因此属于非可编程设计材料。从这一方面来说，形状记忆材料性能不是 SMP 的固有属性，通过改变材料的结构及加工条件等可以编程设计形状记忆行为。

近年来，随着人们对 SMP 应用的日益重视，智能材料结构得到了迅速发展，并促进了航空航天、生物医学、纺织、智能模型等领域的发展。SMP 兼具韧性材料、软性材料、时间依赖性材料和活性变形材料的特性，具有硬度可变、相位可变、主动驱动和自调节等特点，这对全方面、多领域开发 SMP，以及促进其快速应用和低成本生产具有重要意义。

目前 SMP 已在航空航天、生物医学、自修复材料等领域得到了初步应用，其他潜在的应用领域则包括人造肌肉、可变换的光学器件、可重塑产品、自剥皮干胶、形状记忆纤维及形状记忆纺织品等。

6.2　基于热塑性硫化胶的形状记忆高分子材料

高分子材料的共混提供了一种更为简单的方法用于制造 SMP，这是因为共混易于更改组分以调节结构和性能之间的关系。共混型 SMP 通常以非晶态高分子材料作为可逆相（软相），而结晶或半结晶高分子材料作为固定相（硬相）。然而，通常大多数塑料/塑料共混体系缺乏强大的形状回复驱动力，引入具有强回弹性的交联橡胶组分，有助于改善共混体系的 SME 行为。TPV 作为一种通过动态硫化产生的塑料/橡胶共混物，理论上是一种理想的形状记忆材料，其中塑料相产生永久记忆形状，交联橡胶相提供弹性回复驱动力以改善形状记忆效果。

在大多数 TPV 中，塑料相和橡胶相是不相容的，两相之间的界面相互作用并不强，相分离形成了典型的"海-岛"结构，其中交联的橡胶颗粒分散在塑料连续相的基体中。另外，也有部分 TPV 属于双连续相结构，交联的橡胶和塑料组分均作为连续相存在。研究发现，具有高橡胶相的双连续结构能够提供强大的弹性回复力并提高应力传递效率，有助于平衡形状固定及回复性能。但是，不幸的是，双连续相结构对材料组成的要求较为苛刻且较高的橡胶含量会降低材料的强度及模量，这限制了基于 TPV 的 SMP 的发展。因此，对于具有典型"海-岛"结构的 TPV 而言，实现形状记忆材料性能是更具有实际意义和更具挑战性的。与双连续相结构相比，"海-岛"结构中分散的橡胶相提供的弹性回复力有限，而且不稳定的相界面在形状变形过程中很容易被破坏，从而削弱分散橡胶相到塑料相之间的应力传递并减少了潜在的形状回复。显然，通过橡胶相的交联以获得更强的弹性回复驱动力和增强界面以改善应力传递效率，是实现"海-岛"结构 TPV 形状记忆效应的关键因素。

6.3　EAA/NBR 热塑性硫化胶形状记忆材料性能研究

以 EAA/NBR TPV 为例介绍基于 TPV 的形状记忆材料。为简单起见，TPV

根据 EAA/NBR 的质量比来命名，例如动态硫化 EAA/NBR（质量比 50/50）被定义为 E5N5。纯 EAA 和 EAA/NBR TPV 的形状记忆通过 SME 表征，一般按照以下六步进行 SME 测量：

①在哑铃形试样中间记录两条 20mm 的距离线，标记为 L_0；②将试样在变形温度（T_d）下保持 10min，达到热平衡状态；③拉伸试样至标记距离 40mm，达到 100%应变；④将拉伸试样冷却至 1℃，加载 5min，记录距离 L_1；⑤去除试样外力，室温放置 24h，标记距离 L_2；⑥将试样置于回复温度（T_r）下回复至初始状态，并记录距离为 L_3。

形状固定率（SF）和形状回复率（SR）分别由式(6-1)和式(6-2)计算得到。EAA/NBR TPV 的 SME 测量示意描述如图 6-4 所示，每组数据测量 5 个单独的试样，求取平均值。

$$SF = \frac{L_2 - L_0}{L_1 - L_0} \times 100\% \tag{6-1}$$

$$SR = \frac{L_2 - L_3}{L_2 - L_0} \times 100\% \tag{6-2}$$

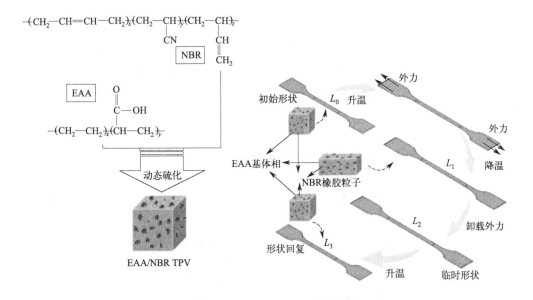

图 6-4　EAA/NBR TPV 的 SME 测量示意描述

通常大部分 TPV 材料具有典型的"海-岛"微观相结构，交联的橡胶颗粒均匀分散在连续的树脂相中，为了观察交联 NBR 粒子的分散性，通过刻蚀去除 TPV 表面的部分 EAA 相。图 6-5 是 E5N5 试样的 SEM 图。其中，图 6-5(a) 是经过表面刻蚀的 E5N5 试样表面的 SEM 图。从图 6-5(a) 可以看到，由于 TPV 表层的

EAA 树脂已经被选择性地刻蚀取出，形貌不规则的 NBR 硫化胶粒子凸显于样品表面，其尺寸在 5～8μm。

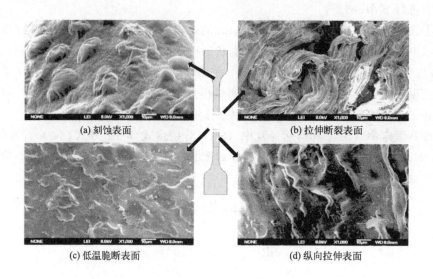

(a) 刻蚀表面　　　　　　　　　　(b) 拉伸断裂表面

(c) 低温脆断表面　　　　　　　　(d) 纵向拉伸表面

图 6-5　E5N5 试样的 SEM 图

　　E5N5 试样的拉伸断裂表面形貌如图 6-5(b) 所示，其断面粗糙且存在大量条状纤维状撕裂带，且在拉伸断裂表面上并未发现硫化胶颗粒。这表明 EAA 与 NBR 之间良好的相容性，在拉伸过程中没有发生相分离。图 6-5(c) 显示了 E5N5 试样的低温脆断表面的 SEM 图。可以看出，TPV 的脆断面相对平整，仅存在一些皱纹状起伏，但是同样观察不到硫化胶粒子，这同样暗示了 EAA 和 NBR 两相之间具有良好的界面相容性。图 6-5(d) 显示了 E5N5 试样的纵向拉伸表面，可以看到试样表面存在明显的取向织构，这归因于拉伸过程中 EAA 的取向以及取向后 EAA 相固定住了被拉长的硫化胶粒子，良好的相容性使得界面的相互作用得以传递。

　　为了进一步了解 SME 行为，对纯 EAA 和系列 EAA/NBR TPV 在不同 T_d 和 T_r（回复温度）下的 SF 和 SR 进行测试。图 6-6 显示了纯 EAA 及系列 EAA/NBR TPV 的 SF、SR 和温度的关系曲线。图 6-6(a) 显示了不同橡塑比的系列 EAA/NBR TPV 在不同 T_d 值下的 SF 和 SR 测试结果（T_r 设定为 95℃）。对于大多数热致型 SMP 而言，T_d 显著影响其 SME 行为，选择合适的 T_d 值对于 EAA/NBR TPV 的 SME 的调控至关重要。T_d 值越高，EAA 分子链的重排越容易、越快，且 EAA 连续相也容易维持其暂时的形状；而 T_d 下基体 EAA 相的强度对 NBR 颗粒的变形有着重要影响。当 T_d 设置为接近 EAA 相的 T_m 时，EAA 相接近熔化状态，强度较低，不能对 NBR 硫化胶粒子施加有效的应力，因而未变形或轻微变形的 NBR 硫化胶粒子只为体系提供微弱的回复驱动力。

　　从图 6-6(a) 可以看到，EAA/NBR TPV 的 SF 与 EAA 含量密切相关，随着树脂相 EAA 含量的提高和 T_d 的提高，体系的 SF 均出现明显提高。这表明 EAA/NBR TPV 的 SF 主要取决于 EAA 相含量和 T_d 温度。另外，对于 SR 而言，提高橡胶相含量，有利于 SR 的提高，且在 95℃ 的 T_d 下 SR 最佳。在基于交联网络结构的传统硫化橡胶中，拉伸变形的链段在去掉载荷的情况下会产生瞬时的强力回复。但是，对于具有"海-岛"结构的 EAA/NBR TPV 而言，其应变主要是 EAA 连续相在冷却下引起的，EAA 和 NBR 之间强大的界面相互作用使变形 NBR 硫化胶粒子的临时形状得以固定，并由此存储了弹性驱动力，为后续实现形状记忆材料性能起到了至关重要作用。

从图 6-6(a) 中可以观察到，随 T_d 的增加，EAA/NBR TPV 的 SR 先上升，之后则出现下降。从图 6-6(a) 中还可以看到，对于不同 T_d 值而言，上半部分曲线自上而下依次是 E2N8、E3N7、E4N6、E5N5、E6N4 及纯 EAA 样品，下半部分曲线的次序则相反。图 6-6(b) 则显示了不同 T_r 值下 TPV 体系的 SR（T_d 设定为 95℃）。可以看出，EAA/NBR TPV 的 SR 与 NBR 含量密切相关，表明 TPV 中交联 NBR 相含量的增加可以提供强大的弹性驱动力且可提高 T_r 值，也有利于提高 SR。值得注意的是，对于 E5N5 样品，当 T_d 和 T_r 均设定为 95℃ 时，SF 达到 91％ 以上，SR 超过 93％，表现出良好的形状记忆行为。

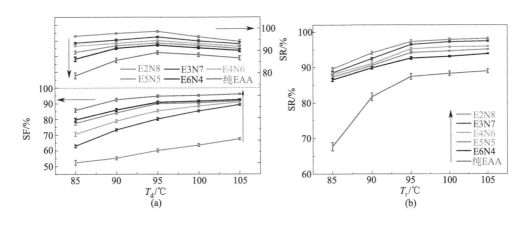

图 6-6　纯 EAA 及系列 EAA/NBR TPV 的 SF 和 SR 和温度的关系曲线

测试螺旋形纯 EAA 试样以及螺旋形、星形和十字形 E5N5 TPV 试样的形状回复，以此直观地观察其 SME 行为。图 6-7 是 T_d 和 T_r 均为 95℃ 时不同变形模式下，纯 EAA 和 E5N5 试样的形状记忆行为图。在 95℃ 的 T_d 下，由于 EAA 相部分熔融使 TPV 软化，试样的临时形状得到很好固定，有利于提高 SF 值。将经过变形和定型之后的试样浸入 95℃ 的热硅油中，可以发现，EAA/NBR TPV 可以在 30s 左右的时间内从不同的临时形状迅速回复到初始的形状，表明 EAA/NBR TPV 具有优异的形状记忆材料性能。对比可见，纯 EAA 不能完全回复到原来的形状，表明其形状回复的驱动力不足。EAA/NBR TPV 的快速回复速度和优异的固定性能，使其在传感器和自组装智能器件领域显示出潜在的应用前景。

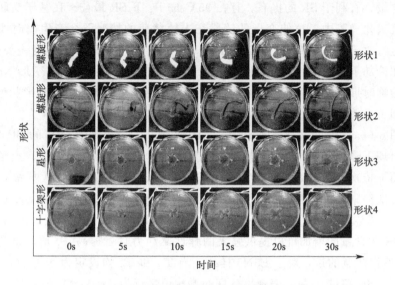

图 6-7 T_d 和 T_r 均为 95℃时不同变形模式下，纯 EAA 和 E5N5 试样的形状记忆行为图

形状 1—纯 EAA 试样；形状 2~4—E5N5 试样

为了研究纯 EAA 和 EAA/NBR TPV 的热机械弛豫现象，进行了动态热机械分析（DMA）测试，以进一步了解形状记忆机理。图 6-8 显示系列 EAA/NBR TPV 的 DMA 温度扫描模式测试图，其中图 6-8(a) 和图 6-8(b) 分别列出了试样的储能模量（E'）和损耗角正切（$\tan\delta$）随温度变化的关系曲线。

纯 EAA、NBR 硫化胶和 EAA/NBR TPV 的 E' 的温度依赖性曲线如图 6-8(a) 所示。从图 6-8(a) 可见，与 NBR 硫化胶相比，EAA 树脂的 E' 值更高。随着

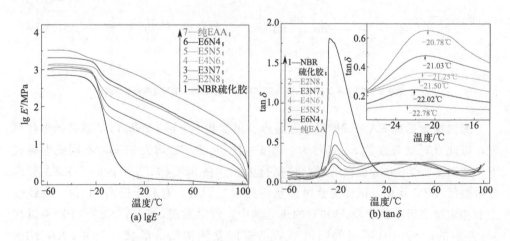

图 6-8 系列 EAA/NBR TPV 的 DMA 温度扫描模式测试图

热塑性
硫化胶及功能化

EAA 含量的增加，TPV 在 −60∼100℃ 范围内的 E' 值明显提高，这是由纯 EAA 模量较高所致。与纯 EAA 相比，在 −30∼0℃ 范围内，NBR 硫化胶的 E' 呈现出急剧转变，这对应于 NBR 硫化胶的玻璃化转变区，但是 NBR 在室温下表现出良好的弹性体行为。

根据图 6-8(b)，可以清楚地观察到 tanδ 随温度的变化规律，EAA 和 NBR 的最大峰值均在 −20℃ 左右出现，这对应于其非晶区的 T_g。对于图 6-8(b) 的各个 EAA/NBR TPV 体系，均只存在单一的 T_g，且不同样品的 T_g 仅有微小变化，表明这两种组分的共混物体系有良好的相容性。

图 6-9 显示了纯 EAA 和系列 EAA/NBR TPV 的熔融、结晶 DSC 谱图及相对结晶度。图 6-9(a) 和图 6-9(b) 分别显示了 EAA 和 EAA/NBR TPV 的熔融和冷却结晶曲线。可以看出，101.94∼108.19℃ 的温度区域是纯 EAA 和 EAA/NBR TPV

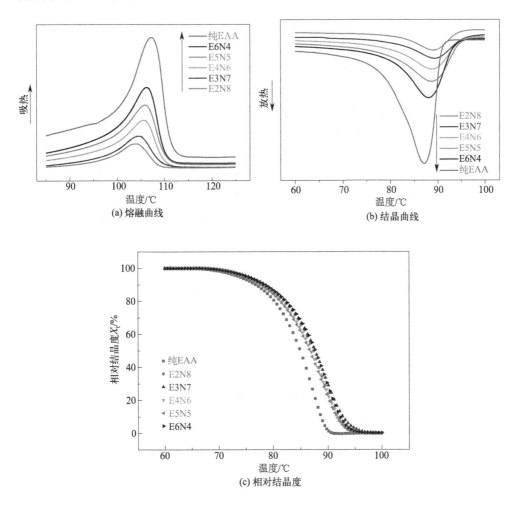

图 6-9 纯 EAA 和系列 EAA/NBR TPV 的熔融、结晶 DSC 谱图及相对结晶度

的熔限，其峰值为 T_m；而 $84.01\sim91.80℃$ 的温度区域则对应结晶温度 T_c 的区域，T_m 和 T_c 都是由半结晶的基体 EAA 相所控制的。结晶性能是影响 TPV 的 SME 的主要因素之一，研究半结晶态 EAA 相的晶体结构对于更好理解 TPV 的 SME 是非常必要的。

考虑到 NBR 相对 TPV 体系结晶行为的影响，对 TPV 的结晶动力学作进一步分析。结晶高分子材料在某一温度的相对结晶度可以由整个结晶过程中从初始结晶温度到某一结晶温度所包围的曲线面积的比值来计算。相对结晶度（X）与温度（T）的关系式如式(6-3)所示。

$$X = \frac{\int_{T_0}^{T} \frac{\mathrm{d}H_c}{\mathrm{d}T}}{\int_{T_0}^{T_{\max}} \frac{\mathrm{d}H_c}{\mathrm{d}T}} \tag{6-3}$$

式中　T_0——初始结晶温度，℃；

　　　T——某一时间对应的结晶温度，℃；

　　$T_{\max}$——终止结晶温度，℃；

　　$\mathrm{d}H_c$——材料的结晶热焓，J/g。

根据式(6-3)可以得到纯 EAA 和系列 EAA/NBR TPV 的相对结晶度与温度的关系曲线，如图 6-9(c)所示。从图 6-9(c)可以看出，所有曲线均呈倒 S 形，TPV 的 T_0 高于纯 EAA，这表明 NBR 对 EAA 的结晶有一定影响。由于强的界面相互作用，NBR 起到成核剂的作用，在一定程度上促进了 EAA 的成核和生长。

纯 EAA 和系列 EAA/NBR TPV 的 XRD 谱图如图 6-10 所示。XRD 测试结果表明，所有样品均显示出三个特征衍射峰，其中最强的衍射峰约为 21.28°。对于由丙烯酸和乙烯结构单元共聚而成的纯 EAA，在 21.28°、23.62°和 36.08°附近观

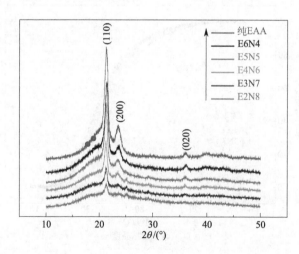

图 6-10　纯 EAA 和系列 EAA/NBR TPV 的 XRD 谱图

察到三个衍射峰，分别对应于 PE 的典型（110）、（200）和（020）晶面，表明 EAA 具有正交晶胞结构。系列 EAA/NBR TPV 的衍射强度与 EAA 的晶体结构含量密切相关，随着 EAA 用量的增加，EAA/NBR TPV 结晶衍射峰强度增加。

热致型 SMP 的力学性能在实际应用中发挥着重要作用，对于 EAA/NBR TPV，其主要强度是由连续相 EAA 基体所赋予的。测试 E5N5 试样在 23℃、65℃、80℃、95℃和 110℃温度下的应力-应变行为，将有助于理解相结构在形状回复中的作用，并描述了形状记忆变形过程中 NBR 硫化胶粒子和半结晶 EAA 基体大分子链的状态。图 6-11 显示了不同测试温度下 E5N5 试样的应力-应变行为曲线及 NBR 颗粒在 EAA 基体中的形变示意。当温度设定为远低于 EAA 相的 T_m 即 23℃时，试样表现出软而韧的特征。随着环境温度的升高，E5N5 试样的拉伸强度及扯断伸长率均显著下降，这可能与 EAA 非晶区中分子链的运动能力增强和物理缠结的减少有关；当温度升至高于 EAA 相的 T_m 即 110℃时，由于 EAA 晶区熔化，EAA/NBR TPV 拉伸强度发生了非常显著的降低。

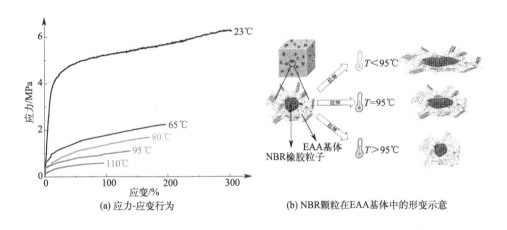

(a) 应力-应变行为　　　　　(b) NBR 颗粒在 EAA 基体中的形变示意

图 6-11　不同测试温度下 E5N5 试样的应力-应变行为曲线及 NBR 颗粒在 EAA 基体中的形变示意

通过对 NBR 硫化胶粒子和 EAA 基体在不同温度下拉伸状态的应力-应变行为的比较，可以看出，EAA 是由互穿的晶区和非晶区组成的半结晶聚合物。当 T_d 远低于 T_m 时，大多数 EAA 分子链被"冻结"；而当 T_d 设定为高于 T_m 时，EAA 基体中大部分晶区发生熔化而使其失去初始的较高强度，导致软化的 EAA 基体无法对 NBR 硫化胶粒子进行牢固定型，NBR 硫化胶粒子的变形不明显，不能为后续的形状回复提供足够的回弹性，导致形状回复驱动力明显减弱。当 T_d 设定在 95℃（接近但仍低于 EAA 的 T_m）时，EAA 晶区的部分熔融导致 TPV 软化，但此时 EAA 的基体仍有足够的强度使 NBR 硫化胶粒子在外力作用下变形，这就意味着 EAA 连续相的力学性能仍足以支持 NBR 硫化胶粒子有效应力在界面处传递。此外，通过快速降温可很好地固定伸长的 NBR 颗粒和取向的 EAA，这是 SF

较高的原因。在形状回复过程中，变形 NBR 硫化胶粒子的高应变能力及 EAA 晶区、非晶区的解取向共同促进了 TPV 试样的弹性回复，因而具有较高 SR。

可见，当形变温度较低时，虽然 EAA/NBR TPV 中 NBR 硫化胶粒子的形变较大，但是体系的 SF 偏低。另外，当形变温度较高时，体系的强度过低，NBR 硫化胶粒子的形变小，难以存储足够的形变回复驱动力，导致 SR 较低。只有在适当的 T_d 和 T_r 下，才能具有良好的 SR，并表现出优异的形状记忆行为。

6.4 EVA/NBR 热塑性硫化胶形状记忆材料及其界面增容

王立斌研究了基于 EVA/NBR TPV 的形状记忆材料，并探讨了界面强化对其形状记忆行为的影响。采用 SEM 观察了 EVA/NBR（质量比 80/20）TPV 样品的拉伸断面和纵向拉伸表面。图 6-12 是 EVA/NBR（质量比 80/20）TPV 的 SEM图。从图 6-12(a) 可见，TPV 的拉伸断面较为平坦，表明具有良好的高弹性；同时，在断面上存在很多纤维状的撕裂带，但断面上并未发现明显的 NBR 硫化胶粒子，这暗示了 EVA 基体和 NBR 粒子之间具有较强的界面作用，且在拉伸过程中并未受到破坏。图 6-12(b) 显示了沿着拉伸方向样条侧面的形貌，可以发现，在TPV 样品侧表面上存在大量明显且致密的带状取向结构，这是由拉伸变形的 EVA相和 NBR 硫化胶粒子所形成。这种取向结构可有效存储弹性回复能量，对 EVA/NBR TPV 的形状记忆效应的实现非常有利。

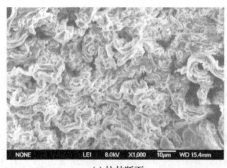
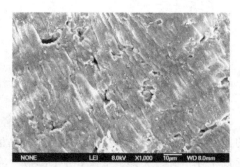

(a) 拉伸断面　　　　　　　　　　　　　　(b) 纵向拉伸表面

图 6-12　EVA/NBR（质量比 80/20）TPV 的 SEM 图

不同的应用场合对 SMP 的形状要求不同，除了最常见的拉伸模式下的形状记忆行为之外，对其余临时形状（如螺旋、卷曲等）模式下形状记忆行为的研究也同样重要。图 6-13 显示了螺旋及卷曲模式下 EVA/NBR（质量比 80/20）TPV 样品的形状记忆行为图，该 TPV 的基体 EVA 中醋酸乙烯酯含量为 26.0%（质量分数），在其形状记忆测试中，形变温度和回复温度均设定为 75℃。从图 6-13 的对比可见，螺旋形 TPV 样品可 30s 内实现从临时形状到形状回复的转变，且当再次被加工成新的临时形状（卷曲形状）后，卷曲后样品同样可以在 30s 内完成形状回复过程，这就直观地证实了 EVA/NBR TPV 具有良好的形状记忆材料性能和可加工性能，有望在传感器和自拆卸智能器件等领域中得到应用。

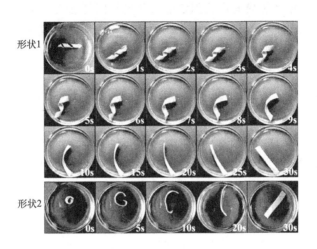

图 6-13　螺旋及卷曲模式下 EVA/NBR（质量比 80/20）TPV 样品的形状记忆行为图
形变温度及回复温度均为 75℃

图 6-14 显示了 EVA/NBR 质量比对 TPV 形状记忆材料性能的影响（形变温度及回复温度均为 75℃）。从图 6-14 中可见，随着 EVA/NBR TPV 中 EVA 含量

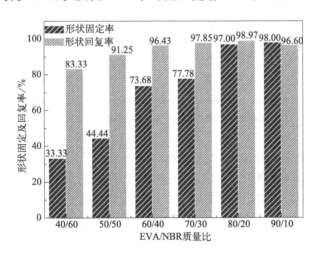

图 6-14　EVA/NBR 质量比对 TPV 形状记忆材料性能的影响
形变温度及回复温度均为 75℃

的提高，TPV 的形状固定率出现大幅度提高，形状回复率则先升高后略微下降。EVA/NBR 质量比为 80/20 的样品显示出最高的形状回复率，此时的形状固定率和形状回复率分别高达 97.00％和 98.97％，表现出优异的形状记忆行为。TPV 体系中的 EVA 不仅可通过界面作用传递应力促使 NBR 粒子变形，而且可以固定其临时形状，且储存在变形 NBR 硫化胶粒子中的弹性力是形状回复驱动力的重要来源，赋予了 TPV 样品优异的形状固定能力和形状回复能力。从图 6-14 中还可以看出，当 EVA/NBR 的质量比达到 90/10 时，TPV 的形状回复率略有下降，这是因为 NBR 橡胶含量的降低，削弱了形状回复驱动力。

图 6-15 显示了 EVA/NBR TPV 形状回复率、达到最大形状回复率所需时间与回复温度的关系曲线（形变温度 75℃）。其形状回复过程是在不同温度的水介质中进行的。从图 6-15 可见，随着回复温度升高，形状回复率得到显著提高。当回复温度超过 75℃时，形状回复率高于 95％且趋于稳定。还可以看出，随着回复温度的升高，回复驱动力增强，达到最大形状回复率所需时间大幅度减少。

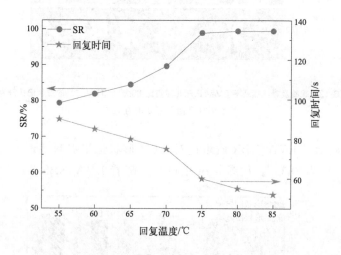

图 6-15　EVA/NBR TPV 形状回复率、达到最大形状回复率
所需时间与回复温度的关系曲线（形变温度 75℃）

在动态硫化体系的橡胶相中加入 ZDMA 粉体，并以过氧化物作为硫化体系，有望获得增强及界面增容的 TPV 材料；采用转矩流变仪进行动态硫化，可获得共混体系的转矩随时间的变化趋势，而转矩可在一定程度上反映动态硫化过程中共混体系黏度的变化，进而获得橡胶相硫化时间和交联程度等信息。图 6-16 是动态硫化期间系列 EVA/NBR/ZDMA（EVA/NBR 质量比 60/40）TPV 的转矩随时间变化曲线。从图 6-16 中可见，第一个转矩峰和第二个转矩峰分别代表了 EVA 基体热塑性塑料和 NBR 混炼胶的熔化，第三个转矩峰则代表 NBR 相达到了最大的交联

程度。从图 6-16 中还可以看出，当 ZDMA 含量从 0phr 增加到 10phr 时，从 NBR 相开始熔化（混炼胶加入后）到发生最大程度交联的时间从 2.70min 缩短到 2.18min，且体系的最大转矩从 31.7N·m 增加到 44.6N·m，这表明 ZDMA 的引入不仅促进了 NBR 交联网络的形成，而且增大了交联程度，这与 ZDMA 在过氧化物诱导动态硫化过程中发生原位聚合有关。具体而言，含有双键的 ZDMA 可以在 EVA/NBR 界面处发生接枝聚合，并与橡塑两相发生反应，提高 NBR 与 EVA 之间的界面作用；交联 ZDMA 聚合物分散于 NBR 中，发挥了增强体的作用，提高了 TPV 的强度，并使 NBR 相因黏度升高而被强大剪切力切成更小粒径的粒子，细化了分散相的尺寸，增大了界面面积。

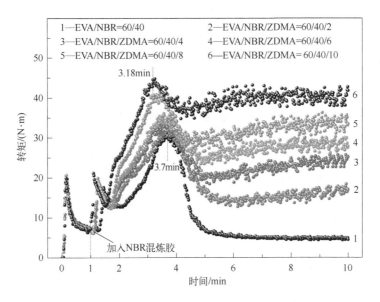

图 6-16　动态硫化期间系列 EVA/NBR/ZDMA
（EVA/NBR 质量比 60/40）　TPV 的转矩随时间变化曲线

图 6-17 显示了 EVA 树脂、NBR 硫化胶和系列 EVA/NBR TPV 的应力-应变曲线，系列 TPV 的应力-应变曲线在形状上很相似，均表现出典型软而韧的弹性体特征。从图 6-17(a) 中还可以看出，随着 EVA 相含量的增加，EVA/NBR/ZDMA TPV 的初始模量和扯断伸长率明显增加，表明在拉伸过程中 EVA 相与 ZDMA 增强的 NBR 之间具有良好界面相互作用。从图 6-17(b) 可以看出，系列 TPV 的模量随着 ZDMA 含量的增加而增加，应力随应变几乎呈线性增大直至发生断裂，ZDMA 的加入起到了增强作用。但是，需要指出的是，随着 ZDMA 用量增加，TPV 的扯断伸长率发生下降，这可能归因于当 ZDMA 用量增加时，NBR 分散相的体积显著增加，难以在 EVA 基体中分散均匀，体系中的缺陷增多并导致 TPV 的扯断伸长率下降。

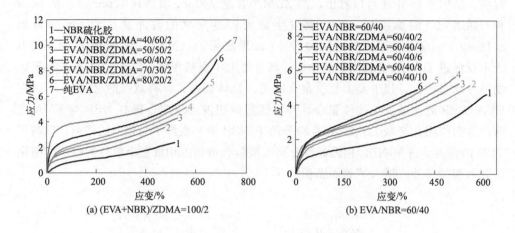

图 6-17　EVA 树脂、 NBR 硫化胶和系列 EVA/NBR TPV 的应力-应变曲线

为了研究 ZDMA 对 TPV 中 NBR 硫化胶粒子的细化作用，采用温度为 90℃ 的甲苯对 EVA/NBR/ZDMA（质量比 60/40/6）TPV 样品进行了选择性刻蚀，同时以 EVA/NBR（质量比 60/40）TPV 的刻蚀样品作为对比。图 6-18 是 EVA/NBR/ZDMA（质量比 60/40/6）TPV 样品和 EVA/NBR（质量比 60/40）TPV 样品的 SEM 图，图 6-18（a）和图 6-18（b）分别是 ZDMA 含量为 6phr 和 0phr 的 TPV 刻蚀表面的 SEM 图。从图 6-18（a）中可以发现，由于 TPV 样品表层的 EVA 被选择性刻蚀去除，NBR 硫化胶粒子得以凸显，其粒径为 3～5μm，而图 6-18（b）中 NBR 橡胶粒子的粒径则为 10～15 μm。对比可见，加入 6phr ZDMA 后，分散相 NBR 硫化胶粒子的粒径尺寸减小到初始的三分之一左右，暗示了 ZDMA 的加入会显著强化 NBR 相的交联，使橡胶相黏度变大，在动态硫化的强大剪切力下 NBR 硫化胶更容易被剪切成微小的粒子，这也增大了 EVA 和 NBR 的界面相互作用。

图 6-18（c）和图 6-18（d）分别显示了 EVA/NBR/ZDMA（质量比 60/40/6）TPV 样品和 EVA/NBR（质量比 60/40）TPV 样品的纵向拉伸表面的 SEM 图像。与图 6-18（d）中的 EVA/NBR TPV 样品相比，图 6-18（c）中 EVA/NBR/ZDMA TPV 样品的纵向拉伸表面上具有更明显的取向结构，这是由 EVA 在拉伸时发生取向以及 EVA 通过增容界面对变形后 NBR 硫化胶粒子的锁定作用而造成的，相对显著的取向结构，也储存了更大形状回复的驱动力。

为了直观地了解 EVA/NBR/ZDMA TPV 的形状记忆行为，记录了 EVA/NBR/ZDMA（质量比 60/40/2）TPV 样品在拉伸、折叠、螺旋和卷曲模式下的形状演变过程。为了更轻易地固定临时形状，形变温度和回复温度均设定在 95℃，略低于该 EVA 树脂的熔融温度（97℃）。在该温度下，EVA 的部分晶区发生熔融，TPV 发生软化，有利于临时形状的固定。

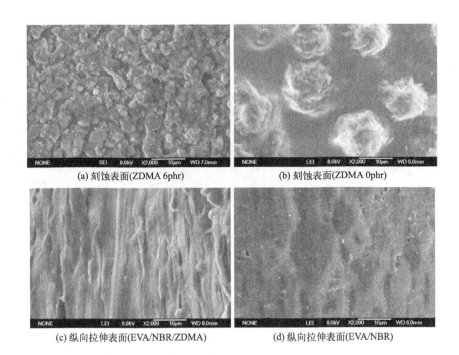

(a) 刻蚀表面(ZDMA 6phr)　　　　　(b) 刻蚀表面(ZDMA 0phr)

(c) 纵向拉伸表面(EVA/NBR/ZDMA)　　　(d) 纵向拉伸表面(EVA/NBR)

图6-18　EVA/NBR/ZDMA（质量比60/40/6）TPV样品（a）、（c）和
EVA/NBR（质量比60/40）TPV样品（b）、（d）的SEM图

　　图6-19是EVA/NBR/ZDMA（质量比60/40/2）TPV样品在不同模式下的形状记忆行为图（形变温度95℃，回复温度95℃）。从图6-19中可以看到，处于不同临时形状的TPV样品均在20s内回复到接近初始形状的状态且TPV样品在形状回复初期（0～10s）即以较快速度进行回复，随时间延长，回复速度逐渐变慢，直至回复到最初的形态。在形状回复初始阶段，当热量从热介质中传递到TPV中时，处于高弹形变的橡胶相迅速发生高弹回复，为TPV样品提供了较大的形状回复驱动力。需要强调的是，图6-19中的形状1～3均来自相同的TPV样品，这表明EVA/NBR/ZDMA TPV在形状记忆过程中可以表现出优异的再加工和形状重建能力，意味着其可以适应多种形状记忆场合，有望在智能器件领域得到应用。

　　为了研究形变温度对EVA/NBR/ZDMA TPV形状记忆行为的影响，在不同形变温度和相同回复温度（95℃）的条件下测试了系列TPV样品的形状记忆材料性能。图6-20是形变温度对EVA/NBR/ZDMA TPV形状记忆材料性能的影响。从图6-20(a)中可见，系列TPV的形状固定率随形变温度的升高而大幅升高，这可归因于在较高形变温度下EVA可更容易发生取向，并在降温过程保持其临时形状；系列TPV的形状回复率则随着形变温度的升高先逐渐升高，当形变温度超过

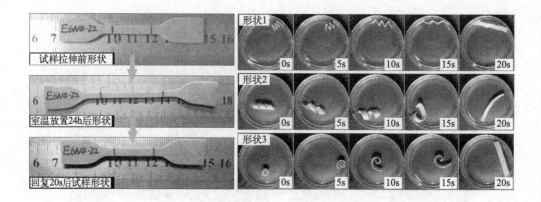

图 6-19　EVA/NBR/ZDMA（质量比 60/40/2）TPV 样品

在不同模式下的形状记忆行为图（形变温度 95℃，回复温度 95℃）

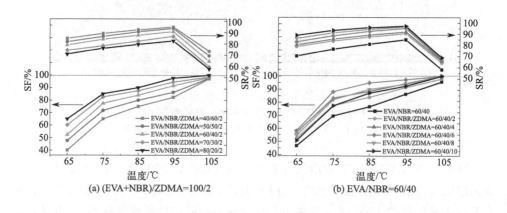

(a) (EVA+NBR)/ZDMA=100/2

(b) EVA/NBR=60/40

图 6-20　形变温度对 EVA/NBR/ZDMA TPV 形状记忆材料性能的影响（回复温度 95℃）

95℃后则发生明显下降。从图 6-20(a) 还可以获得橡塑比对 TPV 形状记忆材料性能影响规律的信息，在同一形变温度下，随着 EVA/NBR/ZDMA TPV 中 EVA 含量的增加，形状固定率逐渐增加，其形状回复率却逐渐减小，这表明 TPV 的形状固定能力主要由 EVA 基体相决定，但其形状回复能力主要由交联的 NBR 相所决定。具体表现在：EVA 相在外力作用下发生取向并迫使 NBR 硫化胶粒子发生形变，之后通过迅速降温使这种不稳定的结构固定下来，宏观上表现为材料获得了一个临时形状。在形状回复阶段，形变的 NBR 硫化胶粒子的高弹回复、EVA 晶区的熔融和解取向均可作为形状回复的驱动力，但其中 NBR 硫化胶粒子的弹性回复占主导作用。

从图 6-20(b) 中可见，形变温度对不同 ZDMA 含量的系列 EVA/NBR（质量比 60/40）TPV 的形状记忆材料性能的影响规律与图 6-20(a) 类似。从图 6-20 (b)

中还可以看出，随着 ZDMA 用量的增加，TPV 的形状回复率逐渐升高，这是因为此时 NBR 硫化胶粒子被增强后，其作为形状回复的驱动力获明显提升。TPV 的形状固定率却随着 ZDMA 用量的增加先升高后下降，且在 ZDMA 含量为 6phr 时达到最高，这可归因于 ZDMA 的过量引入显著提高了 EVA 和 NBR 之间的相容性以及 NBR 相的强度：一方面，界面相互作用的增强阻碍了 EVA 分子链段的重排和运动；另一方面，NBR 硫化胶粒子的强度提高之后，EVA 基体相反而不容易使其有效地变形并固定其形变。

为了研究形变量与 TPV 形状记忆行为的关系，以 EVA/NBR/ZDMA（质量比 60/40/6）TPV 样品为例，研究其在相同的形变温度（95℃）和回复温度（95℃）条件下，在 50%、100%、150% 和 200% 的拉伸变形下的形状记忆行为。

图 6-21 显示了形变量对 EVA/NBR/ZDMA（质量比 60/40/6）TPV 形状记忆材料性能的影响。从图 6-21 中可见，随着形变量的增大，TPV 样品的形状固定率和形状回复率均出现不同程度的下降，这是因为 TPV 应变增大时，其内部 NBR 橡胶颗粒的变形程度随之增大，对于固定 NBR 硫化胶粒子的 EVA 相的强度要求也随之提高，而且随着应变增大，所需要的回复驱动力也增大，这些因素导致了材料形状记忆材料性能的下降。但需要指出的是，从图 6-21 中还可以看出，即使 TPV 样品应变增加到 200%，其形状固定率和形状回复率仍然高于 85%，这表明本研究所制备的基于 EVA/NBR/ZDMA TPV 的热致型 SMP 在高应变下仍具有很大的应用潜力和优势。

由于热致型材料需要在其 T_g 或 T_m 附近完成形状记忆过程，所以基于 TPV 的 SMP 材料对共混体系的组成、聚集态结构及特定温度下的力学性能提出了针对性要求。具体而言，材料既要在开关温度附近保持良好的强度和稳定性，还要具有一个相容性良好的体系和界面来完成形状记忆过程。图 6-22 是 ZDMA 增容 EVA/NBR TPV 的形状记忆效应示意。如图 6-22 所示，在动态硫化之前 ZDMA 即被加入 NBR 相之中形成了 NBR/ZDMA 混炼胶，目的是 ZDMA 在 NBR 相中的均匀分散。

在动态硫化过程中，ZDMA 可在 NBR 相及 EVA/NBR 界面处发生原位聚合，并存在部分 ZDMA 从橡胶相迁移到界面处并发生反应的可能。ZDMA 的加入为 EVA/NBR TPV 的形状记忆行为提供了强有力的支持：一方面，ZDMA 的加入使 NBR 硫化胶粒子的强度增大，粒径得到细化，使 NBR 硫化胶粒子在形状固定阶段发生相同形变时储存的弹性力更高，进而为形状回复提供强的驱动力；另一方面，ZDMA 通过在界面处与 NBR 和 EVA 发生反应增强了 EVA 和 NBR 之间的界面相互作用，增加了两相之间的界面厚度，为界面处应力的传递提供了结构支持。具有良好分散行为和细小粒径的 NBR 相，与在高温下仍保持一定强度的 EVA 基体相和强有力的 ZDMA 增容界面共同作用，使得界面增容后 EVA/NBR TPV 表现出优异的形状记忆行为。

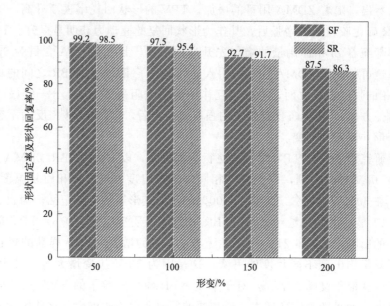

图 6-21 形变量对 EVA/NBR/ZDMA（质量比 60/40/6） TPV 形状记忆材料性能的影响

形变温度 95℃；回复温度 95℃

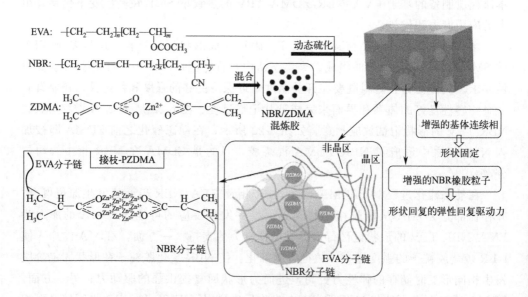

图 6-22 ZDMA 增容 EVA/NBR TPV 的形状记忆效应示意

在以上研究的基础上，课题组对多种基于 TPV 的形状记忆行为进行了深入研究。刘菲菲制备了 EAA/CR TPV 并研究其形状记忆行为，蒋志成制备了 HDPE/SBR TPV 并研究其形状记忆行为，李嘉豪制备出乙烯-丙烯酸甲酯共聚物

（EMA）/NBR TPV 并探索了其在压缩模式下的形状记忆行为，孙颖涛对 EMA/NBR TPV 在拉伸模式下的形状记忆行为进行了研究。近期的研究表明，对于低结晶度的热塑性塑料，当室温下处于高弹态的非晶区含量较高时，其自身也具有一定的形状记忆行为，王立斌、刘菲菲、廖珂锐分别对 EVA、EAA、EMA 热塑性塑料的形状记忆行为规律进行了研究，孙龙意则制备了交联 EAA/EVA 体系并研究了其独特的三重形状记忆行为。

第7章

热塑性硫化胶未来展望

　　随着科学技术的发展和应用需求的多样化，热塑性硫化胶在制备方法和功能化拓展方面获得不断进步，以下对相关内容进行简要介绍。

7.1　热塑性硫化胶在制备方法和硫化体系方面的发展

　　采用电子束交联制备 TPV 是一种全新的技术。该技术采用电子诱导反应，将电子加速器与密炼机直接耦合，在动态熔融共混的条件下，采用具有高频率和高能量的电子束不断辐照密炼机中处于熔融状态下的橡塑共混物，使得橡胶相发生交联反应。这是一种环保且可持续的反应性加工技术，除了橡胶和塑料原料之外，不必加入任何助剂，具有加工时间短、交联反应速度较快的优点，是绿色环保的制备方法，且适于制备卫生等级要求高的 TPV 材料。彭涛等利用二硫键、β-羟基酯键和氢键等动态可逆键对 ENR 进行硫化，制备出了具有自愈合性能的 ENR 基材料，并将其应用到 TPV 领域，得到了 PLA/ENR/短碳纳米管生物基自愈合 TPV。该 TPV 有良好的自愈合能力，且 PLA 的加入并未对 TPV 的自愈合性能造成很大影响。李嘉豪等以 $CuSO_4$ 为交联剂，通过动态硫化制备出基于配位交联的 EMA/NBR/$CuSO_4$ TPV，并利用机械剪切获得 NBR 再生胶材料，制备出基于 EMA/绿色再生 NBR 胶的 TPV。在相同制备条件下，采用 EMA/绿色再生 NBR 制备的 TPV，与采用 NBR/$CuSO_4$ 混炼胶与 EMA 制备的 TPV 对比，具有更为优异的力学性能，这可能为金属离子配位交联橡胶的再利用提供了一种新途径。

7.2　热塑性硫化胶在功能化方面的发展

NTC 材料是指随温度上升电阻呈指数关系减小、具有负温度系数（NTC）的热敏电阻现象的材料。常见的 NTC 材料是锰、钴、镍和铜等具有半导体性质的金属氧化物，NTC 材料制备的热敏电阻器可广泛应用于温度测量、温度补偿、抑制浪涌电流等场合。在所见报道的 NTC 材料中，都存在着密度高、成型工艺复杂、材料无柔韧可卷曲性等问题。目前基于高分子基 NTC 材料的报道很少，针对目前的 NTC 材料密度高、脆性大、不可卷曲、成型工艺复杂等问题，王兆波等发明了一种基于 TPV 的 NTC 材料的制备方法。在升高温度的情况下，相对于 TPV 体系中的由热塑性树脂构成的连续相而言，橡胶分散相的热膨胀系数较高，并导致了随着温度的升高，橡胶相对热塑性树脂的连续相起到了挤压作用，使得热塑性树脂相中的导电粒子网络结构得以强化，电阻率下降，继而起到了实现基于热塑性硫化胶的 NTC 材料的导电性调控。

TPV 由于自身良好的高弹性和可回收性，近年来深受关注。Nanying Ning 等采用动态硫化，以马来酸酐改性聚丙烯（PP-g-MAH）作为界面增容剂，以 CaCO$_3$ 粒子作为增强体，制备出具有界面增容和增强的 PA12/BIIR TPV。该产物具有良好的力学性能和优异的气密性，在汽车工业中的内胎中具有巨大的应用潜力。Yu Gao 采用 1,4-丁二醇、2,3-丁二醇、琥珀酸、衣康酸作为单体，通过缩聚反应制备了系列全生物基共聚酯（all-bio-based copolyester），PBBSI。随着 2,3-丁二醇含量的增大，产物从硬而脆的塑料态转变为软而韧的橡胶态。选择 PLA 作为树脂相，与 PBBSI 通过动态硫化获得了全生物基的 TPV，该材料具有典型的"海-岛"结构，强度较高，可用于 3D 打印。Nanying Ning 通过动态硫化制备了基于 EVM 橡胶和 PVDF 的新型耐热耐油 TPV，研究了 EVM/PVDF TPV 的相形态、形态演变和性能，其具有良好的力学性能、高弹性、良好的加工性、优异的耐热性和耐油性，可替代汽车和石油管道领域的传统热固性橡胶。Chuanhui Xu 制备了基于 PVDF 和甲基乙烯基硅橡胶（methyl vinyl silicone rubber，MVSR）的 TPV，由于不同的界面性质，在动态硫化过程中如何稳定相结构始终是一个挑战。采用氟硅橡胶（FSR）作为界面相容剂制出的耐高温 PVDF/MVSR TPV，具有新型相形态且具有优异重复加工性能，使之成为未来氟硅橡胶的潜在替代品。

随着对生物降解高分子材料研究的深入，对生物降解高分子材料已经有了明确的定义。通常来说，生物降解高分子材料是指在自然界生物环境中能够发生降解的高分子材料。生物降解的高分子材料中既有生物基的高分子材料，如淀粉、聚乳酸等，也有石油基的高分子材料，如 PCL 等。生物基型 TPV 选用的原材料主要由生物基聚合物组成，且其性能与传统石油基 TPV 相近。目前采用动态硫化技术制备了由不同橡胶和热塑性树脂组成的生物基 TPV；树脂相主要包括 PLA、聚丁二酸丁二醇酯（PBS）等，橡胶相主要包括 NR、ENR、硅橡胶、生物基聚酯弹性体等，已见报道的绿色环保的生物基 TPV 有 PLA/NR TPV、PLA/EVA TPV、PLA/ENR TPV 等。虽然 PLA 经常被用作生物基 TPV 的基体树脂相，但是 PLA 也有很多固有的缺点，这些缺点限制了其进一步的广泛应用。PLA 的韧性较差、冲击强度较低且扯断伸长率较低，这就极大限制了 PLA 在 TPV 中的应用。此外，PLA 的结晶度低、热形变温度低，这些缺点也限制了 PLA 的应用。为了扩大 PLA 的应用范围，研究人员做了很多工作来提高其性能，主要改善性能包括耐热性、韧性、阻燃性、阻隔性等。

张琳测试了室温条件下 PLA/NBR（质量比 50/50）TPV 在 1.60%（质量分数）NaOH 溶液中的降解，以定期测试不同降解时间下样品的失重数据，选用的 PLA/NBR TPV 中 PLA 所占质量分数为 50%。当降解时间为 2880 h，即约相当于 4 个月时，已降解的质量占 PLA/NBR TPV 的 48.3%，PLA 相几乎完全被降解。而且，生物基 PLA/NBR TPV 的降解速度，相对于纯 PLA 在 1.60%（质量分数）NaOH 溶液中的降解速度而言，反而还要快一些，这可能是由于当 PLA 与 NBR 共混之后，两相形成了双连续相结构，使得 PLA 呈网状结构，与水分子或 OH⁻ 接触更容易，因此降解速度更快。图 7-1 为室温下 1.60%（质量分数）NaOH 溶液中 PLA/NBR（质量比 50/50）TPV 降解前后样品表面的 SEM 图。从图 7-1 中可见，降解之前 TPV 的表面是平坦的，随着降解时间的延长，样品中的 PLA 相逐渐被降解而 NBR 硫化胶不能降解。当降解 4 个月后，样品表面呈现连续的网络状结构，这也验证了 PLA/NBR TPV 的双连续相微观结构以及 PLA 相的可降解性。

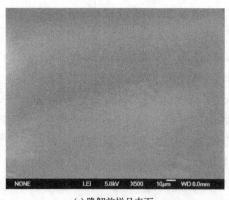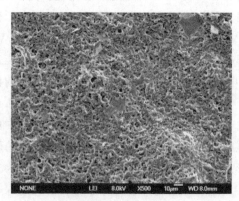

(a) 降解前样品表面　　　　　　　　　　　(b) 降解4个月后样品表面

图 7-1　室温下 1.60%（质量分数）NaOH 溶液中 PLA/NBR
（质量比 50/50）TPV 降解前后样品表面的 SEM 图

PBS 是一种以丁二酸（又称琥珀酸）和 1,4-丁二醇（BDO）为原料，通过缩聚反应合成的可完全生物降解的高分子材料，PBS 具有良好的生物相容性、力学性能、耐热性以及加工性能。Yufeng Liang 等通过动态硫化，以硅填充 FSR 和 PBS 为原料，开发了一种新型绿色和非石油基 TPV。该产物具有高拉伸强度、良好的弹性行为、易加工性和可再加工性，在包装、生物医学设备和 3D 打印材料中具有潜在的应用。Faibunchan 等基于环氧化天然橡胶（ENR）和聚丁二酸丁二醇酯（PBS）共混物，通过动态硫化制备了绿色可生物降解的 PBS/ENR TPV，其动态硫化体系力学性能、热性能以及生物降解性优于简单的共混物。Thongpin 等则采用动态硫化技术制备了具有生物降解性的 PCL/NR TPV。

随着基础研究和应用研究的不断进步，TPV 这一已经产业化四十余年、TPE 领域中发展最快的品种，正在越来越多的应用领域替代传统的热固性硫化橡胶，成为最具发展前景的高分子材料之一。通过不断提高 TPV 商业化生产所用双螺杆挤出机的精确性、稳定性及自动化程度，持续改善 TPV 产品的性能，致力于研发高气体阻隔 TPV、用于人体可穿戴的高体感相容性 TPV、医疗及食品包装用生物基 TPV、3D 打印 TPV 等，TPV 行业必将继续得到长足进步和发展。

参 考 文 献

[1] Satoh K, Lee D H, Nagai K, et al. Precision Synthesis of Bio-Based Acrylic Thermoplastic Elastomer by RAFT Polymerization of Itaconic Acid Derivatives [J]. Macromolecular Rapid Communications, 2014, 35 (2): 161-167.

[2] 李汉堂. 热塑性弹性体的现状和未来展望 [J]. 世界橡胶工业, 2013, 40 (3): 48-56.

[3] Costa P, Silva J, Sencadas V, et al. Mechanical, Electrical and Electro-mechanical Properties of Thermoplastic Elastomer Styrene-Butadiene-Styrene/Multiwall Carbon Nanotubes Composites [J]. Journal of Materials Science, 2013, 48 (3): 1172-1179.

[4] 余庆彦, 田洪池, 韩吉彬, 等. 热塑性弹性体的研究与产业化进展 [J]. 中国材料进展, 2012, 31 (2): 24-32.

[5] 王德禧. 热塑性弹性体的现状和发展 [J]. 塑料, 2004, 33 (2): 46-52.

[6] 吴崇刚, 朱玉俊, 孙亚娟, 等. 低硬度 EPDM/PP 热塑性动态硫化胶Ⅲ. 微观结构对性能的影响 [J]. 合成橡胶工业, 2001, 24 (4): 225-227.

[7] 陈尔凡, 韩云凤, 邓雯雯, 等. 动态硫化热塑性弹性体的研究进展 [J]. 高分子材料科学与工程, 2011, 27 (3): 171-174.

[8] Barick A K, Jung J Y, Choi M C, et al. Thermoplastic Vulcanizate Nanocomposites Based on Thermoplastic Polyurethane and Millable Polyurethane Blends Reinforced with Organoclay Prepared by Melt Intercalation Technique: Optimization of Processing Parameters via Statistical Methods [J]. Journal of Applied Polymer Science, 2013, 129 (3): 1405-1416.

[9] Chen Y K, Xu C H, Liang X Q, et al. In Situ Reactive Compatibilization of Polypropylene/ Ethylene-Propylene-Diene Monomer Thermoplastic Vulcanizate by Zinc Dimethacrylate via Peroxide-Induced Dynamic Vulcanization [J]. The Journal of Physical Chemistry B, 2013, 117 (36): 10619-10628.

[10] 王利杰, 赵静, 杜芳林, 等. 氯化聚乙烯橡胶/乙烯-乙酸乙烯共聚物热塑性硫化胶的制备及性能 [J]. 合成橡胶工业, 2012, 35 (6): 466-470.

[11] Chen Y K, Yuan D S, Xu C H. Dynamically Vulcanized Biobased Polylactide/Natural Rubber Blend Material with Continuous Cross-Linked Rubber Phase [J]. ACS Applied Materials & Interfaces, 2014, 6 (6): 3811-3816.

[12] Yuan D S, Chen Z H, Xu C H, et al. Fully Biobased Shape Memory Material Based on Novel Cocontinuous Structure in Poly (lactic acid)/Natural Rubber TPVs Fabricated via Peroxide-Induced Dynamic Vulcanization and In Situ Interfacial Compatibilization [J]. ACS Sustainable Chemistry and Engineering, 2015, 3 (11): 2856-2865.

[13] Yuan D S, Ding J P, Mou W J, et al. Bio-based Polylactide/Epoxidized Natural Rubber Thermoplastic Vulcanizates with a Co-continuous Phase Structure [J]. Polymer Testing, 2017, 64 (5): 200-206.

[14] Wang Y P, Zhang C H, Ren Y R, et al. Shape Memory Properties of Dynamically Vulcanized Poly (lactic acid)/Nitrile Butadiene Rubber (PLA/NBR) Thermoplastic Vulcanizates: The Effect of ACN Content in NBR [J]. Polymer for Advanced Technologies, 2018, 29 (8): 2336-2343.

[15] Oderkerk J, Schaetzen G, Goderis B, et al. Micromechanical Deformation and Recovery Processes of Nylon-6/Rubber Thermoplastic Vulcanizates as Studied by Atomic Force Microscopy and Transmission Electron Microscopy [J]. Macromolecules, 2002, 35 (17): 6623-6629.

[16] Huy T A, Luepke T, Radusch H J. Characterization of the Deformation Behavior of Dynamic Vulcanizates by FTIR Spectroscopy [J]. Journal of Applied Polymer Science, 2015, 80 (2): 148-158.

[17] Prut E, Medintseva T, Dreval V. Mechanical and Rheological Behavior of Unvulcanized and Dynamically Vulcanized i-PP/EPDM Blends [J]. Macromolecular Symposia, 2010, 233 (1): 78-85.

[18] Wei D Y, Hua J, Wang Z B. Dynamically Vulcanized Acrylonitrile-Butadiene-Styrene Terpolymer/Nitrile Butadiene Rubber Blends Compatibilized by Chlorinated Polyethylene [J]. Journal of Applied Polymer Science, 2014, 131 (21): 40986.

[19] Albert M G, Haslett W H. Process for Preparing a Vulcanized Blend of Crystalline Polypropylene and Chlorinated Butyl Rubber: US3037954 [P]. 1962-06-05.

[20] Fischer W K. Thermoplastic Blend of Partially Cured Monoolefin Copolymer Rubber and Polyolefin Plastic: US3862106 [P]. 1975-01-21.

[21] Coran A Y, Patel R. Rubber-Thermoplastic Compositions. Part I. EPDM-Polypropylene Thermoplastic Vulcanizates [J]. Rubber Chemistry and Technology, 1980, 53 (1): 141-150.

[22] Coran A Y, Patel R P, Williams D. Rubber-Thermoplastic Compositions. Part V. Selecting Polymers for Thermoplastic Vulcanizates [J]. Rubber Chemistry and Technology, 1982, 55 (1): 116-136.

[23] Coran A Y, Das B, Patel R P. Thermoplastic Vulcanizates of Olefin Rubber and Polyolefin Resin: US4130535 [P]. 1978-12-19.

[24] Nicolini A, Rocha T, Jacobi M A M. Dynamically Vulcanized PP/EPDM Blends: Influence of Curing Agents on the Morphology Evolution [J]. Journal of Applied Polymer Science, 2008, 109 (5): 3093-3100.

[25] 李云龙, 欧阳娜, 柯爱茹. 改性聚丙烯/乙丙橡胶热塑性弹性体的制备及性能 [J]. 泉州师范学院学报, 2014, 32 (6): 69-73.

[26] Thakur V, Gohs U, Wagenknecht U, et al. Electron-induced Reactive Processing of Thermoplastic Vulcanizate based on Polypropylene and Ethylene Propylene Diene Terpolymer Rubber [J]. Polymer Journal, 2012, 44 (5): 439-448.

[27] Wang Z B, Zhao H L, Zhao J, et al. Rheological, Mechanical and Morphological Properties of Thermoplastic Vulcanizates Based on High Impact Polystyrene and Styrene-Butadiene Rubber [J]. Journal of Applied Polymer Science, 2010, 117 (5): 2523-2529.

[28] 程相坤, 赵洪玲, 王兆波. EPDM/HDPE 热塑性硫化胶的结构与性能研究 [J]. 弹性体, 2010, 20 (1): 65-69.

[29] Zhang Y X, Wang Z B, Wang X. Dynamically Vulcanized Cis-1, 3-Butadiene Rubber /Ethylene-Vinyl Acetate Copolymer/High Impact Polystyrene Blends Compatibilized by Styrene-Butadiene-Styrene Block Copolymer [J]. Journal of Macromolecular Science Part B: Physics, 2012, 51 (7): 1463-1473.

[30] Zhao J, Wei D Y, Hua J, et al. Dynamically Vulcanized High Impact Polystyrene/High Vinyl Polybutadiene Rubber Composites Compatibilized by Styrene-Butadiene-Styrene Block Copolymer [J]. Journal of Reinforced Plastic and Composites, 2014, 33 (12): 1120-1129.

[31] Liu Q Q, Feng R, Hua J, et al. A Novel Superhydrophobic Surface Based on Low Density Polyethylene/Ethylene-Propylene-Diene Terpolymer Thermoplastic Vulcanizate [J]. Polymers for Advanced Technologies, 2018, 29 (1): 302-309.

[32] 蒋志成, 单秀, 王兆波. 高密度聚乙烯/丁苯橡胶热塑性硫化胶的形状记忆材料性能 [J]. 合成橡胶工业, 2020, 43 (6): 472-476.

[33] Varghese S, Alex R, Kuriakose B. Natural Rubber-isotactic Polypropylene Thermoplastic Blends [J]. Journal of Applied Polymer Science, 2004, 92 (4): 2063-2068.

[34] Joseph A, Lüftl S, Seidler S, et al. Nonisothermal Thermophysical Evaluation of Polypropylene/Natu-

ral Rubber Based TPEs: Effect of Blend Ratio and Dynamic Vulcanization [J]. Polymer Engineering and Science, 2009, 49 (7): 1332-1339.

[35] Nakason C, Jarnthong M, Kaesaman A, et al. Thermoplastic Elastomers Based on Epoxidized Natural Rubber and High-density Polyethylene Blends: Effect of Blend Compatibilizers on the Mechanical and Morphological properties [J]. Journal of Applied Polymer Science, 2008, 109 (4): 2694-2702.

[36] Nakason C, Nuansomsri K, Kaesaman A, et al. Dynamic Vulcanization of Natural Rubber/High-density Polyethylene Blends: Effect of Compatibilization, Blend Ratio and Curing System [J]. Polymer Testing, 2006, 25 (6): 782-796.

[37] Yao P J, Wu H G, Ning N Y, et al. Properties and Unique Morphological Evolution of Dynamically Vulcanized Bromo-Isobutylene-Isoprene Rubber/Polypropylene Thermoplastic Elastomer [J]. RSC Advances, 2016, 6 (14): 11151-11160.

[38] 马翔, 赵素合, 刘晓. 丁腈橡胶/聚酰胺热塑性弹性体的制备及性能 [J]. 合成橡胶工业, 2005, 28 (5): 384-387.

[39] 张世甲, 伍社毛, 张立群. 硫化体系对动态硫化 NBR/PA6 热塑性硫化胶性能的影响 [J]. 橡胶工业, 2011, 58 (12): 709-714.

[40] Lang F Z, Li S, Du F L, et al. Mechanical, Water-swelling and Morphological Properties of Water-swellable Thermoplastic Vulcanizates Based on Polyvinyl Chloride/Crosslinked Sodium Polyacrylate/Chlorinated Polyethylene Blends [J]. Journal of Macromolecular Science Part B: Physics, 2013, 52 (9): 1322-1340.

[41] Wang L J, Lang F Z, Du F L, et al. Zinc Dimethacrylate-reinforced Thermoplastic Vulcanizates Based on Chlorinated Polyethylene Rubber/Ethylene-Vinyl Acetate Copolymer [J]. Journal of Macromolecular Science Part B: Physics, 2013, 52 (1): 178-189.

[42] Li S, Lang F Z, Wang Z B. Zinc Dimethacrylate-Reinforced Thermoplastic Vulcanizates Based on Ethylene-Vinyl Acetate Copolymer/Chlorinated Polyethylene Rubber/Nitrile Butadiene Rubber Blends [J]. Polymer-Plastics Technology and Engineering. 2013, 52 (7): 683-689.

[43] Wei D Y, Zhao J, Liu T, et al. Mechanical and Morphological Properties of Acrylonitrile-Butadiene-Styrene Terpolymer/Nitrile Butadiene Rubber Thermoplastic Vulcanizates Plasticized by Dioctyl Phthalate [J]. Journal of Thermoplastic Composite Materials, 2016, 29 (3): 366-380.

[44] Wang C C, Zhang Y F, Liu Q Q, et al. Mullins Effect under Compression Mode and its Reversibility of Thermoplastic Vulcanizate Based on Ethylene-Vinyl Acetate Copolymer/Styrene-Butadiene Rubber Blend [J]. International polymer processing, 2017, 32 (1): 11-19.

[45] Zhang L, Hua J, Wang Z B. Dynamically Vulcanized Polylactide/Nitrile Butabiene Rubber Blends with Continuous Cross-Linked Rubber Phase [J]. Journal of Polymer Research, 2019, 26 (1): 11.

[46] Liu F F, Sun Y T, Wang Z B. Facile Design of Heat-Triggered Shape Memory Ethylene-Acrylic acid Copolymer/Chloroprene Rubber Thermoplastic Vulcanizates [J]. Express Polymers Letters, 2020, 14 (3): 281-293.

[47] Sun Y T, Hua J, Wang Z B. Facile Design of Heat-Triggered Shape Memory Polymers Based on Ethylene-Acrylic Acid Copolymer/Nitrile-Butadiene Rubber Thermoplastic Vulcanizates [J]. Polymer Engineering and Science, 2021, 61: 453-464.

[48] Ning N Y, Hua Y Q, Wu H G, et al. Novel Heat and Oil-resistant Thermoplastic Vulcanizates Based on Ethylene-Vinyl Acetate Rubber/Poly (vinylidene fluoride) [J]. RSC Advances, 2016, 6 (94): 91594-91602.

[49] George J，Neelakantan N R，Varughese K T，et al. Failure Properties of Thermoplastic Elastomers from Polyethylene/Nitrile Rubber Blends：Effect of Blend Ratio，Dynamic Vulcanization，and Filler Incorporation [J]. Journal of Applied Polymer Science，2006，100 (4)：2912-2929.

[50] Soares B G，Almeida M S M，Deepa U M V，et al. Influence of Curing Agent and Compatibilizer on the Physicomechanical Properties of Polypropylene/Nitrile Butadiene Rubber Blends Investigated by Positron Annihilation Lifetime Technique [J]. Journal of Applied Polymer Science，2006，102 (5)：4672-4681.

[51] Tian M，Han J B，Zou H，et al. Dramatic Influence of Compatibility on Crystallization Behavior and Morphology of Polypropylene in NBR/PP Thermoplastic Vulcanizates [J]. Journal of Polymer Research，2012，19 (1)：9745.

[52] 韩吉彬，施凤莲，田洪池，等. 高性能 NBR/PP 热塑性硫化胶的制备与研究 [J]. 特种橡胶制品，2004，24 (6)：1-5.

[53] Huang H，Ikehara T，Nishi T. Observation of Morphology in EPDM/nylon Copolymer Thermoplastic Vulcanizates by Atomic Force Microscopy [J]. Journal of Applied Polymer Science，2003，90 (5)：1242-1248.

[54] 马军，朱玉俊，雷昌纯，等. EPDM/PA 增强共混的初步研究 [J]. 合成橡胶工业，1999，22 (6)：358-361.

[55] Van D J D，Gnatowski M，Koutsandreas A，et al. A Study of Dynamic Vulcanization for Polyamide-12 and Chlorobutyl Rubber [J]. Journal of Applied Polymer Science，2003，90 (3)：871-880.

[56] 袁道升. 具有双连续相结构的动态硫化全生物基 PLA/NR TPV 的研究 [D]. 广州：华南理工大学，2016.

[57] Yuan D S，Ding J P，Mou W J，et al. Bio-based Polylactide/Epoxidized Natural Rubber Thermoplastic Vulcanizates with a Co-continuous Phase Structure [J]. Polymer Testing，2017，64 (5)：200-206.

[58] Li Si，Liu T，Wang L J，et al. Dynamically Vulcanized Nitrile Butadiene Rubber/Ethylene-Vinyl Acetate Copolymer Blends Compatibilized by Chlorinated Polyethylene [J]. Journal of Macromolecular Science Part B：Physics，2013，52 (1)：13-21.

[59] Aubert C，Sabet A S. Thermoplastic Vulcanizates and Process for Making the Same：US6437030 [P]. 2002-08-20.

[60] Duin M V，Machado A V. EPDM-based Thermoplastic Vulcanisates：Crosslinking Chemistry and Dynamic Vulcanisation along the Extruder Axis [J]. Polymer Degradation and Stability，2005，90 (2)：340-345.

[61] Mondal M，Gohs U，Wagenknecht U，et al. Additive Free Thermoplastic Vulcanizates Based on Natural Rubber [J]. Materials Chemistry and Physics，2013，143 (1)：360-366.

[62] Elshereafy E，Mohamed M A，EL-Zayat M M，et al. Gamma Radiation Curing of Nitrile Rubber/High Density Polyethylene Blends [J]. Journal of Radioanalytical and Nuclear Chemistry，2012，293 (3)：941-947.

[63] 李嘉豪. 功能型 EMA/NBR TPV 及配位交联 NBR 的结构与性能 [D]. 青岛：青岛科技大学，2022.

[64] 丁雪佳，王啸，刘振亚，等. 开炼机与密炼机动态硫化制备 NBR/PVC 热塑性弹性体的研究 [J]. 弹性体，2001，11 (6)：31-33.

[65] 江学良，蒋涛，肖汉文，等. 共混时间对动态硫化 EPDM/PP 体系结构与性能的影响 [J]. 橡胶工业，2001，48 (4)：197-200.

[66] 吴崇刚，朱玉俊，孙亚娟，等. 低硬度 EPDM/PP 热塑性动态硫化胶：I. 用双螺杆挤出机的制备工艺 [J]. 合成橡胶工业，2000，23 (6)：362-365.

[67] 吴崇刚，朱玉俊，孙亚娟，等. 低硬度 EPDM/PP 热塑性动态硫化胶Ⅱ. 制备工艺条件对微观相对态结构的影响 [J]. 合成橡胶工业，2001，24（1）：29-32.

[68] Inoue T. Selective Crosslinking in Polymer Blends. Ⅱ. Its Effect on Impact Strength and Other Mechanical Properties of Polypropylene/Unsaturated Elastomer Blends [J]. Journal of Applied Polymer Science，1994，54（6）：723-733.

[69] Trifkovic M，Sheikhzadeh M，Choo K，et al. Model Identification of a Twin Screw Extruder for Thermoplastic Vulcanizate（TPV）Applications [J]. Polymer Engineering and Science，2010，50（6）：1168-1177.

[70] 田明，李齐方，刘力，等. 热塑性硫化橡胶的加工与应用 [J]. 合成橡胶工业，2002，25（1）：54-56.

[71] 田洪池，米永存，曹件芳，等. 热塑性弹性体 TPV 的结构性能及其在汽车系统中的应用 [J]. 汽车工艺与材料，2007，（4）：52-54.

[72] 黄自华，徐洁，钟铧均，等. 热塑性硫化胶在交通领域中的应用 [J]. 橡胶工业，2012，59（10）：635-639.

[73] 饶秋华，姚树人. 橡塑共混热塑性弹性体的形态结构与性能 [J]. 合成橡胶工业，1996，19（2）：119-121.

[74] 赵素合，贺春江. 丁腈橡胶/聚酰胺热塑性硫化胶的制备 [J]. 合成橡胶工业，2004，27（5）：305-308.

[75] 沈军，唐颂超，刘永，王庆梅. 三元乙丙橡胶/聚丙烯动态硫化热塑性弹性体的相态结构 [J]. 合成橡胶工业，2006，29（5）：356-359.

[76] Jordhamo G M，Manson J A，Sperling L H. Phase Continuity and Inversion in Polymer Blends and Simultaneous Interpenetrating Networks [J]. Polymer Engineering & Science，1986，26（8）：517-524.

[77] Hoppner D，Wendorff J H. Investigations of the Influence on the Phase Morphology of PP-EPDM-Blends on Their Mechanical Properties [J]. Colloid and Polymer Science，1990，268（6）：500-512.

[78] Wang Z B，Zhao H L，Zhao J，et al. Dynamically Vulcanized Styrene-Butadiene Rubber/Ethylene-Vinyl Acetate Copolymer/High Impact Polystyrene Blends Compatibilized by Styrene-Butadiene-Styrene Block Copolymer [J]. Journal of Macromolecular Science，Part B：Physics，2011，50（1）：51-61.

[79] Wang Z B，Cheng X K，Zhao J. Dynamically Vulcanized Blends of Polyethylene-Octene Elastomer and Ethylene-Propylene-Diene Terpolymer [J]. Materials Chemistry and Physics，2011，126（1-2）：272-277.

[80] Sengupta P，Noordermeer J W M. Three-Dimensional Structure of Olefinic Thermoplastic Elastomer Blends Using Electron Tomography [J]. Macromolecular Rapid Communications，2005，26（7）：542-547.

[81] Pechurai W，Sahakaro K，Nakason C. Influence of Phenolic Curative on Crosslink Density and Other Related Properties of Dynamically Cured NR/HDPE Blends [J]. Journal of Applied Polymer Science，2009，113（2）：1232-1240.

[82] Li S，Wei D Y，Zhao J，et al. Carbon Black Reinforced Thermoplastic Vulcanizates Based on High Impact Polystyrene/Styrene-Butadiene-Styrene Block Copolymer/Styrene-Butadiene Rubber Blends [J]. International Polymer Processing，2014，29（5）：594-601.

[83] 刘情情. 功能型 PE/EPDM TPV 及 HIPS/WGRT TPE 的结构与性能 [D]. 青岛：青岛科技大学，2018.

[84] 赵静. HIPS/HVPBR TPV 及 HIPS/WSBRP TPE 的制备、结构与性能 [D]. 青岛：青岛科技大

热塑性
硫化胶及功能化

学，2015.

[85] Kumar C R，Nair S V，George K E，et al. Blends of Nylon/Acrylonitrile Butadiene Rubber：Effects of Blend Ratio，Dynamic Vulcanization and Reactive Compatibilization on Rheology and Extrudate Morphology [J]. Polymer Engineering and Science，2003，43（9）：1555-1565.

[86] 张琳. 具有双连续相结构的功能型 PLA/NBR TPV 的结构和性能 [D]. 青岛：青岛科技大学，2019.

[87] Prut E V，Medintseva T，Kochanova O V，et al. Influence of Crosslinked System on Morphology and Properties of Thermoplastic Vulcanizates Based on iPP and EPDM [J]. Journal of Thermoplastic Composite Materials，2013，28（8）：1202-1216.

[88] 赵静，何宁，王兆波. 增容高抗冲聚苯乙烯/高乙烯基聚丁二烯橡胶热塑性硫化胶的形态演变及增容机制 [J]. 橡胶工业，2017，64（2）：74-78.

[89] 张琳，王君豪，王兆波. 聚乳酸/邻苯二甲酸二辛酯/丁腈橡胶热塑性硫化胶的形态演变研究 [J]. 合成橡胶工业，2019，42（1）：17-20.

[90] 赵洪玲. SBR/HIPS 热塑性硫化胶的制备、结构及性能研究 [D]. 青岛：青岛科技大学，2010.

[91] Zhang Y X，Wang Z B，Wang X. Dynamically Vulcanized Cis-1，3-Butadiene Rubber /Ethylene-Vinyl Acetate Copolymer/High Impact Polystyrene Blends Compatibilized by Styrene-Butadiene-Styrene Block Copolymer [J]. Journal of Macromolecular Science Part B：Physics，2012，51（7）：1463-1473.

[92] Lei C H，Huang X B，Ma F Z. The Distribution Coefficient of Oil and Curing Agent in PP/EPDM TPV [J]. Polymers for Advanced Technologies，2007，18（12）：999-1003.

[93] Jayaraman K，Kolli V G，Kang S Y，et al. Shear Flow Behavior and Oil Distribution Between Phases in Thermoplastic Vulcanizates [J]. Journal of Applied Polymer Science，2004，93（1）：113-121.

[94] Nakason C，Kaewsakul W. Influence of Oil Contents in Dynamically Cured Natural Rubber and Polypropylene Blends [J]. Journal of Applied Polymer Science，2010，115（1）：540-548.

[95] 程相坤. 动态硫化 HDPE/EPDM 及 POE/EPDM 复合体系的制备、结构及性能研究 [D]. 青岛：青岛科技大学，2011.

[96] 赵洪玲，王兆波. 充油丁苯橡胶/乙烯-乙烯乙酸酯共聚物/高抗冲聚苯乙烯热塑性硫化胶的结构与性能 [J]. 合成橡胶工业，2010，33（4）：289-292.

[97] 张艺馨，郎丰正，王兆波. 充油 BR/EVA/SBS/HIPS TPV 的结构与性能 [J]. 特种橡胶制品，2011，32（6）：12-15.

[98] 王灿灿，赵静，李帅，等. 低硬度乙烯-乙酸乙烯酯共聚物/聚烯烃弹性体/充油丁苯橡胶热塑性硫化胶的性能 [J]. 合成橡胶工业，2014，37（2）：111-115.

[99] Katbab A A，Nazockdast H，Bazgir S. Carbon Black-Reinforced Dynamically Cured EPDM/PP Thermoplastic Elastomers. I. Morphology，Rheology，and Dynamic Mechanical Properties [J]. Journal of Applied Polymer Science，2000，75（9）：1127-1137.

[100] Chatterjee K，Naskar K. Study on Characterization and Properties of Nanosilica-filled Thermoplastic Vulcanizates [J]. Polymer Engineering and Science，2008，48（6）：1077-1084.

[101] Li S，Lang F Z，Wang Z B. Zinc Dimethacrylate-Reinforced Thermoplastic Vulcanizates Based on Ethylene-Vinyl Acetate Copolymer/Chlorinated Polyethylene Rubber/Nitrile Butadiene Rubber Blends [J]. Polymer-Plastics Technology and Engineering，2013，52（7）：683-689.

[102] 耿海萍，朱玉俊，伍社毛，等. 共混方法和设备对聚酯短纤维增强动态硫化 EPDM/PP 共混型热塑性弹性体性能的影响 [J]. 合成橡胶工业，1996，19（1）：47-49.

[103] Janković B，Marinović-Cincović M，Jovanović V，et al. Kinetic Analysis of Nonisothermal Degradation of Acrylonitrile-Butadiene/Ethylene-Propylene-Diene Rubber Blends Reinforced with Carbon Black Fill-

er [J]. Polymer Composites, 2012, 33 (7): 1233-1243.

[104] 魏东亚. 基于 NBR 的 TPV 及基于 WNBRP 的 TPE 的结构及性能 [D]. 青岛：青岛科技大学, 2015.

[105] 杨智韬, 范金花, 杨巨鑫, 等. EPDM/PP 基 TPV 非等温结晶行为的研究 [J]. 现代塑料加工应用, 2021, 33 (5): 10-13.

[106] 俞张勇, 杨兆昆, 施冬健, 等. PLA/木质素基复合材料的非等温结晶动力学 [J]. 塑料, 2021, 50 (5): 103-107, 118.

[107] 张桂新, 任佳伟, 王婷兰, 等. 竹纸浆纤维增强聚丁二酸丁二醇酯的非等温结晶动力学 [J]. 功能高分子学报, 2015, 28 (4): 393-397.

[108] 黄文景, 陈涛, 赵黎明, 等. 聚 2-吡咯烷酮的非等温结晶动力学 [J]. 功能高分子学报, 2017, 30 (3): 314-320.

[109] Shi N, Dou Q. Non-isothermal Cold Crystallization Kinetics of Poly (lactic acid) /Poly (butylene adipate-co-terephthalate) /Treated Calcium Carbonate Composites [J]. Journal of Thermal Analysis and Characterization, 2015, 119 (1): 635-642.

[110] Hao Y P, Yang H L, Zhang H L, et al. Miscibility, Crystallization Behaviors and Toughening Mechanism of Poly (butylene terephthalate) /Thermoplastic Polyurethane Blends [J]. Fibers and Polymers, 2018, 19 (1): 1-10.

[111] Li Y, Han C Y. Isothermal and Nonisothermal Cold Crystallization Behaviors of Asymmetric Poly (l-lactide) /Poly (d-lactide) Blends [J]. Industrial & Engineering Chemistry Research, 2012, 51 (49): 15927-15935.

[112] Liu T X, Mo Z S, Wang S E, et al. Nonisothermal Melt and Cold Crystallization Kinetics of Poly (arylether ether ketone ketone) [J]. Polymer Engineering and Science, 1997, 37 (3): 568-575.

[113] Jiang C Q, Zhao S C, Xin Z. Influence of a Novel β-nucleating Agent on the Structure, Mechanical Properties, and Crystallization Behavior of Isotactic Polypropylene [J]. Journal of Thermoplastic Composite Materials, 2013, 28 (5): 610-629.

[114] 廖珂锐, 刘化通, 王兆波. 乙烯-丙烯酸甲酯共聚物/丁腈橡胶热塑性硫化胶的非等温结晶动力学研究 [J]. 合成橡胶工业, 2020, 43 (5): 382-386.

[115] Jeziorny A. Parameters Characterizing the Kinetics of the Nonisothermal Crystallization of Poly (ethylene terephthalate) Determined by DSC [J]. Polymer, 1978, 19 (10): 1142-1144.

[116] 莫志深. 一种研究聚合物非等温结晶动力学的方法 [J]. 高分子学报, 2008, 1 (7): 656-661.

[117] 蒋志成. 功能型 HDPE/SBR TPV 的结构及性能研究 [D]. 青岛：青岛科技大学, 2021.

[118] Ji X, Chen J B, Zhong G J, et al. Nonisothermal Crystallization of Isotactic Polypropylene in Carbon Nanotube Networks: The Interplay of Heterogeneous Nucleation and Confinement Effect [J]. Journal of Thermoplastic Composite Materials, 2016, 29 (10): 1352-1368.

[119] Chen H P, Pyda M, Cebe P. Non-isothermal Crystallization of PET/PLA Blends [J]. Thermochimica Acta, 2009, 492 (1-2): 61-66.

[120] Prut E V, Erina N A, Karger-Kocsis J, et al. Effects of Blend Composition and Dynamic Vulcanization on the Morphology and Dynamic Viscoelastic Properties of PP/EPDM Blends [J]. Journal of Applied Polymer Science, 2008, 109 (2): 1212-1220.

[121] Ha C S, Ihm D J, Kim S C. Structure and Properties of Dynamically Cured EPDM/PP Blends [J]. Journal of Applied Polymer Science, 1986, 32 (8): 6281-6297.

[122] Li Z N, Kontopoulou M. Evolution of Rheological Properties and Morphology Development During Crosslinking of Polyolefin Elastomers and Their TPV Blends with Polypropylene [J]. Polymer Engi-

neering and Science, 2009, 49 (1): 33-43.

[123] Ulmer J D. Strain Dependence of Dynamic Mechanical Properties of Carbon Black-Filled Rubber Compounds [J]. Rubber Chemistry and Technology, 1996, 69 (1): 15-47.

[124] Fröhlich J, Niedermeier W, Luginsland H D. The Effect of Filler – filler and Filler-elastomer Interaction on Rubber Reinforcement [J]. Composites Part A: Applied Science and Manufacturing, 2005, 36 (4): 449-460.

[125] Zhu Z Y, Thompson T, Wang S Q, et al. Investigating Linear and Nonlinear Viscoelastic Behavior Using Model Silica-particle-filled Polybutadiene [J]. Macromolecules, 2005, 38 (21): 8816-8824.

[126] Ramier J, Gauthier C, Chazeau L, et al. Payne Effect in Silica-Filled Styrene-Butadiene Rubber: Influence of Surface Treatment [J]. Journal of Polymer Science Part B: Polymer Physics, 2007, 45 (3): 286-298.

[127] Merabia S, Sotta P, Long D R. Unique Plastic and Recovery Behavior of Nanofilled Elastomers and Thermoplastic Elastomers (Payne and Mullins Effects) [J]. Journal of Polymer Science Part B: Polymer Physics, 2010, 48 (13): 1495-1508.

[128] Lion A, Kardelky C. The Payne Effect in Finite Viscoelasticity: Constitutive Modelling Based on Fractional Derivatives and Intrinsic Time Scales [J]. International Journal of Plasticity, 2004, 20 (7): 1313-1345.

[129] Mullins L. Softening of Rubber by Deformation [J]. Rubber Chemistry and Technology, 1969, 42 (1): 339-362.

[130] Webber R E, Creton C, Brown H R, et al. Large Strain Hysteresis and Mullins Effect of Tough Double-Network Hydrogels [J]. Macromolecules, 2007, 40 (8): 2919-2927.

[131] Diani J, Brieu M, Vacherand J M. A Damage Directional Constitutive Model for Mullins Effect with Permanent Set and Induced Anisotropy [J]. European Journal of Mechanics A-Solids, 2006, 25 (3): 483-496.

[132] Mullins L, Tobin N R. Theoretical Model for the Elastic Behavior of Filler-Reinforced Vulcanized Rubbers [J]. Rubber Chemistry and Technology, 1957, 30 (2): 555-571.

[133] Rault J, Marchal J, Judeinstein P, et al. Stress-Induced Crystallization and Reinforcement in Filled Natural Rubbers: ^{2}H NMR study [J]. Macromolecules, 2006, 39 (24): 8356-8368.

[134] Diani J, Fayolle B, Gilormini P. A Review on the Mullins Effect [J]. European Polymer Journal, 2009, 45 (3): 601-612.

[135] Mullins L. Effect of Stretching on the Properties of Rubber [J]. Rubber Chemistry and Technology, 1948, 21 (2): 281-300.

[136] Harwood J A C, Payne A R. Stress Softening in Natural Rubber Vulcanizates. Part IV. Unfilled Vulcanizates [J]. Journal of Applied Polymer Science, 1966, 10 (8): 1203-1211.

[137] Laraba-Abbes F, Ienny P, Piques R. A New 'Tailor-made' Methodology for the Mechanical Behaviour Analysis of Rubber-like Materials: Ⅱ. Application to the Hyperelastic Behaviour Characterization of a Carbon-black Filled Natural Rubber Vulcanizate [J]. Polymer, 2003, 44 (3): 821-840.

[138] 魏东亚, 何宁, 王兆波. ABS/NBR 热塑性硫化胶的压缩 Mullins 效应及其可逆恢复的研究 [J]. 橡胶工业, 2016, 63 (11), 655-660.

[139] Wang Z B, Zhao H L, Zhao J, et al. Rheological, Mechanical and Morphological Properties of Thermoplastic Vulcanizates Based on High Impact Polystyrene and Styrene-Butadiene rubber [J]. Journal of Applied Polymer Science, 2010, 117 (5): 2523-2529.

[140] Duin M V. Recent Developments for EPDM-based Thermoplastic Vulcanizates [J]. Macromolecular

Symposia，2006，233（1）：11-16.

[141] Boyce M C，Socrate S，Kear K，et al. Micromechanisms of Deformation and Recovery in Thermoplastic Vulcanizate [J]. Journal of the Mechanics and Physics of Solids，2001，49（6）：1323-1342.

[142] Noguchi F，Zhou Y B，Kosugi K，et al. Effect of Strain-Induced Crystallization on the Tear Strength of Natural Rubber/Styrene Butadiene Rubber Blend [J]. Advances in Polymer Technology，2018，37（6）：1850-1858.

[143] 刘凉冰. 影响聚氨酯弹性体撕裂强度的因素 [J]. 化学推进剂与高分子材料，2016，14（1）：16-22.

[144] Drozdov A D. Mullins' Effect in Semicrystalline Polymers [J]. International Journal of Solids and Structures，2009，46（18-19）：3336-3345.

[145] Mars W V，Fatemi A. Observations of the Constitutive Response and Characterization of Filled Natural Rubber under Monotonic and Cyclic Multiaxial Stress States [J]. Journal of Engineering Materials and Technology，2004，126（1）：19-28.

[146] Li J，Mayau D，Lagarrigue V. A Constitutive Model Dealing with Damage due to Cavity Growth and the Mullins Effect in Rubber-like Materials under Triaxial Loading [J]. Journal of the Mechanics and Physics of Solids，2008，56（3）：953-973.

[147] 孙颖涛. 功能型 EAA/NBR TPV 的结构及性能研究 [D]. 青岛：青岛科技大学，2021.

[148] Zhao J，Wang C C，Wang Z B. Mullins Effect and its Reversibility of Compatibilised Thermoplastic Vulcanisates Based on High Impact Polystyrene/High Vinyl Polybutadiene Rubber Blend [J]. Plastics，Rubber and Composites，2015，44（4）：155-161.

[149] 张纪凯，魏东亚，张凯，等. 嵌段共聚聚丙烯/三元乙丙橡胶热塑性硫化胶的压缩 Mullins 效应及其可逆回复 [J]. 合成橡胶工业，2015，38（5）：376-380.

[150] 刘惰惰，张琳，王兆波. 低密度聚乙烯/三元乙丙橡胶热塑性硫化胶的压缩应力弛豫及其可逆回复 [J]. 合成橡胶工业，2018，41（2）：146-150.

[151] MacKenzie C I，Scanlan J. Stress Relaxation in Carbon-black-filled Rubber Vulcanizates at Moderate Strains [J]. Polymer，1984，25（4）：559-568.

[152] Derham C J. Creep and Stress Relaxation of Rubbers—The Effects of Stress History and Temperature Changes [J]. Journal of Materials Science，1973，8（7）：1023-1029.

[153] 孙颖涛，刘菲菲，王兆波. EAA/NBR TPV 压缩应力松弛可逆回复机制及模型构建 [J]. 特种橡胶制品，2020，41（2）：1-5+10.

[154] Obaid N，Kortschot M T，Sain M. Understanding the Stress Relaxation Behavior of Polymers Reinforced with Short Elastic Fibers [J]. Materials，2017，10（5）：472-487.

[155] 石耀刚，张长生，赵祺，等. 硅泡沫压缩应力松弛影响因素的研究 [J]. 化工新型材料，2007，35（9）：21-22.

[156] 赵静，华静，王兆波. HIPS/HVPBR 热塑性硫化胶压缩永久变形可逆回复的模型及机制 [J]. 特种橡胶制品，2014，35（4）：1-6.

[157] Risi F R D，Noordermeer J W M. Effect of Methacrylate Co-agents on Peroxide Cured PP/EPDM Thermoplastic Vulcanizates [J]. Rubber Chemistry and Technology，2007，80（1）：83-99.

[158] Vennemann N，Bökamp K，Bröker D. Crosslink Density of Peroxide Cured TPV [J]. Macromolecular Symposia，2006，245-246（1）：641-650.

[159] Wei D，Mao C，Li S，et al. Dynamically Vulcanized Nitrile Butadiene Rubber/Acrylonitrile-Butadiene-Styrene Terpolymer Blends Compatibilized by Styrene-Butadiene-Styrene Block Copolymer [J]. Journal of Macromolecular Science，Part B：Physics，2014，53（4）：601-614.

[160] 魏东亚，赵静，王兆波. ABS/NBR TPV 压缩永久变形的可逆回复机制及模型构建 [J]. 弹性体，2014，24 (6)：35-40.

[161] Oderkerk J, Groeninckx G, Soliman M. Investigation of the Deformation and Recovery Behavior of Nylon-6/rubber Thermoplastic Vulcanizates on the Molecular Level by Infrared-strain Recovery Measurements [J]. Macromolecules, 2002, 35 (10)：3946-3954.

[162] Siengchin S, Karger-Kocsis J. Mechanical and Stress Relaxation Behavior of Santoprene® Thermoplastic Elastomer/Boehmite Alumina Nanocomposites Produced by Water-mediated and Direct Melt Compounding [J]. Composites Part A：Applied Science and Manufacturing, 2010, 41 (6)：768-773.

[163] Zhu H, Guo Z G, Liu W M. Adhesion Behaviors on Superhydrophobic Surfaces [J]. Chemical Communications, 2014, 50 (30)：3900-3913.

[164] Feng X Q, Gao X F, Wu Z N, et al. Superior Water Repellency of Water Strider Legs with Hierarchical Structures：Experiments and Analysis [J]. Langmuir, 2007, 23 (9)：4892-4896.

[165] Guo Z G, Liu W M. Biomimic from the Superhydrophobic Plant Leaves in Nature：Binary Structure and Unitary Structure [J]. Plant Science, 2007, 172 (6)：1103-1112.

[166] Liu K S, Du J X, Wu J T, et al. Superhydrophobic Gecko Feet with High Adhesive Forces Towards Water and Their Bio-inspired Materials [J]. Nanoscale, 2012, 4 (3)：768-772.

[167] Bhushan B, Nosonovsky M. The Rose Petal Effect and the Modes of Superhydrophobicity [J]. Philosophical Transactions of the Royal Society A：Mathematical, Physical and Engineering Sciences, 2010, 368 (1929)：4713-4728.

[168] Zheng Y M, Gao X F, Jiang L. Directional Adhesion of Superhydrophobic Butterfly Wings [J]. Soft Matter, 2007, 3 (2)：178-182.

[169] Barthlott W, Neinhuis C. Purity of the Sacred Lotus, or Escape from Contamination in Biological Surfaces [J]. Planta, 1997, 202 (1)：1-8.

[170] Feng L, Li S H, Li H J, et al. Super-hydrophobic Surface of Aligned Polyacrylonitrile Nanofibers [J]. Angewandte Chemie, 2002, 41 (7)：1221-1223.

[171] Feng L, Song Y L, Zhai J, et al. Creation of a Superhydrophobic Surface from an Amphiphilic Polymer [J]. Angewandte Chemie International Edition, 2003, 42 (7)：800-802.

[172] Zhang Y, Lan D, Wang Y R, et al. Wettability Designing by ZnO Periodical Surface Textures [J]. Journal of Colloid & Interface Science, 2010, 351 (1)：288-292.

[173] Yuan Z Q, Xiao J Y, Zeng J C, et al. Facile Method to Prepare a Novel Honeycomb-like Superhydrophobic Polydimethylsiloxan Surface [J]. Surface & Coatings Technology, 2010, 205 (7)：1947-1952.

[174] 张凯. 功能型 HDPE/EPDM TPV 的结构与性能 [D]. 青岛：青岛科技大学，2017.

[175] 王兆波，奉若涛，刘菲菲，等. 一种连续油水分离的实验装置：CN201920877354.2 [P]. 2020-04-07.

[176] 王兆波，张星烁，奉若涛. 一种超疏水超亲油材料的连续油水分离的定量表征方法：CN201911367943.7 [P]. 2022-03-08.

[177] Zhang X S, Feng R T, Wang J H, et al. Pressure Response through Valve for Continuous Oil-Water Separation Based on a Flexible Superhydrophobic/Superoleophilic Thermoplastic Vulcanizate Film [J]. Macromolecular Materials and Engineering, 2021, 306 (6)：2000745.

[178] 单秀. 功能型 PP/EPDM TPV 超疏水表面的构建及其性能研究 [D]. 青岛：青岛科技大学，2022.

[179] Zhang Y H, He P X, Zou Q C, et al. Preparation and Properties of Water-swellable Elastomer [J].

Journal of Applied Polymer Science, 2004, 93 (4): 1719-1723.

[180] Sun X H, Zhang G, Shi Q, et al. Study on Foaming Water-swellable EPDM Rubber [J]. Journal of Applied Polymer Science, 2002, 86 (14): 3712-3717.

[181] Hatakeyema T, Yamauchi A, Hatakeyema H. Studies on Bound Water in Poly (vinyl alcohol). Hydrogel by DSC and FT-NMR [J]. European Polymer Journal, 1984, 20 (1): 61-64.

[182] 朱祖熹, 陆明. 遇水膨胀类止水材料的性能及其应用技术 (上) [J]. 中国建筑防水, 1999, 66 (5): 5-9+14.

[183] 邵水源, 邓光荣, 彭龙贵, 等. 共混型吸水膨胀橡胶的制备与表征 [J]. 化工新型材料, 2010, 38 (7): 120-122.

[184] Liu C S, Ding J P, Zhou L, et al. Mechanical Properties, Water-swelling Behavior, and Morphology of Water-swellable Rubber Prepared Using Crosslinked Sodium Polyacrylate [J]. Journal of Applied Polymer Science, 2006, 102 (2): 1489-1496.

[185] 宋伟强, 胡为民, 朱军, 等. 辐射硫化法制备遇水膨胀橡胶及性能研究 [J]. 辐射研究与辐射工艺学报, 2002, 20 (2): 98-102.

[186] Ren W T, Peng Z L, Zhang Y, et al. Water-swelling Elastomer Prepared by In Situ Formed Lithium Acrylate in Chlorinated Polyethylene [J]. Journal of Applied Polymer Science, 2004, 92 (3): 1804-1812.

[187] 李叶柳, 丁国荣, 林承跃, 等. 吸水膨胀橡胶制备技术及应用研究进展 [J]. 弹性体, 2009, 19 (3): 65-69.

[188] 林莲贞, 杨治中, 林果, 等. 乳液共混 NR-PHPAM 水膨胀性橡胶 [J]. 广州化学, 1990 (3): 44-51.

[189] 刘岚, 罗远芳, 贾德民, 等. 吸水膨胀 NR 的制备与性能研究 [J]. 橡胶工业, 2007, 54 (4): 215-220.

[190] 李宗良, 廖双泉, 廖建和, 等. 化学接枝法制备腻子型吸水膨胀橡胶研究 [J]. 弹性体, 2007, 17 (1): 32-35.

[191] He P X, Zhang Y H, Hu R. Synthesis and Swelling Properties of Grafting-type and Crosslinking-type Water-swellable Elastomers [J]. Journal of Applied Polymer Science, 2007, 104 (4): 2637-2642.

[192] Zhang Z H, Zhang G, Wang C Q, et al. Chlorohydrin Water-swellable Rubber Compatibilized by an Amphiphilic Graft Copolymer. III. Effects of PEG and PSA on Water-swelling Behavior [J]. Journal of Applied Polymer Science, 2001, 79 (14): 2509-2516.

[193] Yamashita S, Kodama K, Ikeda Y, et al. Chemical Modification of Butyl Rubber. I. Synthesis and Properties of Poly (ethylene oxide) -grafted Butyl Rubber [J]. Journal of Polymer Science Part A: Polymer Chemistry, 1993, 31 (10): 2437-2444.

[194] Carenza M, Cojazzi G, Bracci B, et al. The State of Water in Thermoresponsive Poly (acryloyl-l-proline methyl ester) Hydrogels Observed by DSC and -N · mR Relaxometry [J]. Radiation Physics and Chemistry, 1999, 55 (2): 209-218.

[195] 李海燕, 赵淑琴, 徐上, 等. 膨胀橡胶在秦岭隧道的防水应用研究 [J]. 中国铁道科学, 2001, 22 (4): 69-73.

[196] 刘岚, 向洁, 罗远芳, 贾德民. 吸水膨胀橡胶的研究进展 [J]. 高分子通报, 2006, 9: 23-29.

[197] 李帅. 功能型 EVA/NBR TPV 及 HIPS/SBR TPV 的制备、结构与性能 [D]. 青岛: 青岛科技大学, 2014.

[198] Li S, Lang F Z, Du F L, et al. Water-swellable Thermoplastic Vulcanizates Based on Ethylene-Vinyl Acetate Copolymer/Chlorinated Polyethylene/Crosslinked Sodium Polyacrylate/Nitrile Butadiene Rub-

ber Blends [J]. Journal of Thermoplastic Composite Materials, 2014, 27 (8): 1112-1116.

[199] Wei D Y, He N, Zhao J, et al. Mechanical, Water-swelling, and Morphological Properties of Water-swellable Thermoplastic Vulcanizates Based on High Density Polyethylene/Chlorinated Polyethylene/Nitrile Butadiene Rubber/Crosslinked Sodium Polyacrylate Blends [J]. Polymer-Plastics Technology and Engineering, 2015, 54 (6): 616-624.

[200] 王兆波, 魏东亚, 赵静. 一种吸水膨胀型热塑性硫化胶的制备方法: CN201310436236.5 [P]. 2015-11-25.

[201] Wang L J, Li S, Lang F Z, et al. Water-swellable Thermoplastic Vulcanizates Based on Ethylene-Vinyl Acetate Copolymer/Crosslinked Sodium Polyacrylate/Chlorinated Polyethylene [J]. Polymer-Plastics Technology and Engineering, 2013, 52 (7): 704-709.

[202] Behl M, Lendlein A. Actively Moving Polymers [J]. Soft Matter, 2006, 3 (1): 58-67.

[203] Xie T. Tunable Polymer Multi-shape Memory Effect [J]. Nature, 2010, 464 (7286): 267-270.

[204] Liu Y J, Lv H B, Lan X, et al. Review of Electro-active Shape-memory Polymer Composite [J]. Composites Science and Technology, 2009, 69 (13): 2064-2068.

[205] Zhu Y, Hu J L, Luo H S, et al. Rapidly Switchable Water-sensitive Shape-memory Cellulose/Elastomer Nano-composites [J]. Soft Matter, 2012, 8 (8): 2509-2517.

[206] Mu T, Liu L W, Lan X, et al. Shape Memory Polymers for Composites [J]. Composites Science and Technology, 2018, 160 (26): 169-198.

[207] Sun L, Huang W. Nature of the Multistage Transformation in Shape Memory Alloys Upon Heating [J]. Metal Science and Heat Treatment, 2009, 51 (11-12): 573-578.

[208] Wilkes K E, Liaw P K, Wilkes K E. The Fatigue Behavior of Shape-memory Alloys [J]. JOM, 2000, 52 (10): 45-51.

[209] Lai A, Du Z H, Gan C L, et al. Shape Memory and Superelastic Ceramics at Small Scales [J]. Science, 2013, 341 (6153): 1505-1508.

[210] Yasin A, Li H Z, Lu Z, et al. A shape Memory Hydrogel Induced by the Interactions Between Metal Ions and Phosphate [J]. Soft Matter, 2014, 10 (7): 972-977.

[211] Habault D, Zhang H J, Zhao Y. Light-triggered Self-healing and Shape-memory Polymers [J]. Chemical Society Reviews, 2013, 42 (17): 7244-7256.

[212] Schmidt A M. Electromagnetic Activation of Shape Memory Polymer Networks Containing Magnetic Nanoparticles [J]. Macromolecular Rapid Communications, 2006, 27 (14): 1168-1172.

[213] Mohr R, Kratz K, Weigel T, et al. Initiation of Shape-memory Effect by Inductive Heating of Magnetic Nanoparticles in Thermoplastic Polymers [J]. Proceedings of the National Academy of Sciences, 2006, 103 (10): 3540-3545.

[214] Vernon L B, Vernon H M. Process of Manufacturing Articles of Thermoplastic Synthetic Resins: US2234993 [P]. 1941-03-18.

[215] Perrone R J. Silicone-Rubber, Polyethylene Composition; Heat Shrinkable Articles Made Therefrom and Process Therefor: US3326869 [P]. 1967-6-20.

[216] Rainer W C, Redding E M, Hitov J J, et al. Polyethylene Product and Process: US3144398 [P]. 1964-08-11.

[217] Yang D, Huang W, Yu J H, et al. A Novel Shape Memory Polynorbornene Functionalized with Poly (ε-caprolactone) Side Chain and Cyano Group Through Ring-opening Metathesis Polymerization [J]. Polymer, 2010, 51 (22): 5100-5106.

[218] Xia L，Xian J Y，Geng J T，et al. Multiple Shape Memory Effects of Trans-1,4-Polyisoprene and Low-density Polyethylene Blends [J]. Polymer International，2017，66（10）：1382-1388.

[219] Sakurai K，Shirakawa Y，Kashiwagi T，et al. Crystal Transformation of Styrene-butadiene Block Copolymer [J]. Polymer，1994，35（19）：4238-4239.

[220] Liu T Z，Zhou T Y，Yao Y T，et al. Stimulus Methods of Multi-functional Shape Memory Polymer Nanocomposites：A Review [J]. Composites Part A：Applied Science and Manufacturing，2017，100：20-30.

[221] Xiao X L，Kong D Y，Qiu X Y，et al. Shape-memory Polymers with Adjustable High Glass Transition Temperatures [J]. Macromolecules，2015，48（11）：3582-3589.

[222] Rio E D，Lligadas G，Ronda J C，et al. Polyurethanes from Polyols Obtained by ADMET Polymerization of a Castor Oil-based Diene：Characterization and Shape Memory Properties [J]. Journal of Polymer Science Part A：Polymer Chemistry，2011，49（2）：518-525.

[223] Miao S D，Wang P，Su Z G，et al. Soybean Oil-based Shape-memory Polyurethanes：Synthesis and Characterization [J]. European Journal of Lipid Science and Technology，2012，114（12）：1345-1351.

[224] Chung Y C，Choi J H，Chun B C. Shape-memory Effects of Polyurethane Copolymer Cross-linked by Dextrin [J]. Journal of Materials Science，2008，43（18）：6366-6373.

[225] Zhao Y M，Zhang D D，Guo L. Shape-memory Behavior of Bisphenol A-type Cyanate Ester/Carboxyl-terminated Liquid Nitrile Rubber Coreacted System [J]. Colloid and Polymer Science，2014，292（10）：2707-2713.

[226] Li H，Sinha T K，Oh J S，et al. Soft and Flexible Bilayer Thermoplastic Polyurethane Foam for Development of Bioinspired Artificial Skin [J]. ACS Applied Materials & Interfaces，2018，10（16）：14008-14016.

[227] Tobushi H，Hashimoto T，Hayashi S，et al. Thermomechanical Constitutive Modeling in Shape Memory Polymer of Polyurethane Series [J]. Journal of Intelligent Material Systems and Structures，1997，8（8）：711-718.

[228] Jang M K，Hartwig A，Kim B K. Shape Memory Polyurethanes Cross-linked by Surface Modified Silica Particles [J]. Journal of Materials Chemistry，2009，19（8）：1166-1172.

[229] Xu C H，Wu W C，Zheng Z J，et al. Design of Shape-memory Materials Based on Sea-island Structured EPDM/PP TPVs via In-situ Compatibilization of Methacrylic Acid and Excess Zinc Oxide Nanoparticles [J]. Composites Science and Technology，2018，167（20）：431-439.

[230] Chen Y K，Xu C H. Crosslink Network Evolution of Nature Rubber/Zinc Dimethacrylate Composite During Peroxide Vulcanization [J]. Polymer Composites，2011，32（10）：1505-1514.

[231] Wang L B，Hua J，Wang Z B. Facile Design of Heat-triggered Shape Memory Ethylene-vinyl Acetate Copolymer/Nitrile-butadiene Thermoplastic Vulcanizates via Zinc Dimethacrylate Induced Interfacial Compatibilization [J]. Polymer Testing，2019，76：481-489.

[232] 蒋志成，单秀，王兆波. 高密度聚乙烯/丁苯橡胶热塑性硫化胶的形状记忆材料性能 [J]. 合成橡胶工业，2020，43（6）：472-476.

[233] Rule J D，Lewandowski K M，Determan M D. Debondable Adhesive Article：US8592034 [P]. 2013-11-26.

[234] Madbouly S A，Lendlein A. Degradable Polyurethane/Soy Protein Shape-Memory Polymer Blends Prepared Via Environmentally-Friendly Aqueous Dispersions [J]. Macromolecular Materials and Engineer-

ing，2012，297（12）：1213-1224.

[235] Shandas R，Yakacki C M，Nair D P，et al. Shape Memory Polymer-based Transcervical Device for Permanent or Temporary Sterilization：US 20100192959 A1 [P]. 2010-08-05.

[236] Leng J S，Xie F，Wu X L，et al. Effect of the γ-radiation on the Properties of Epoxy-based Shape Memory Polymers [J]. Journal of Intelligent Material Systems and Structures，2014，25（10）：1256-1263.

[237] Shang J J，Le X X，Zhang J W，et al. Trends in Polymeric Shape Memory Hydrogels and Hydrogel Actuators [J]. Polymer Chemistry，2019，10（9）：1036-1055.

[238] Löwenberg C，Balk M，Wischke ，et al. Shape-memory Hydrogels：Evolution of Structural Principles to Enable Shape Switching of Hydrophilic Polymer Networks [J]. Accounts of Chemical Research，2017，50（4）：723-732.

[239] Hu J L，Zhu Y，Huang H H，et al. Recent Advances in Shape-memory Polymers：Structure，Mechanism，Functionality，Modeling and Applications [J]. Progress in Polymer Science，2012，37（12）：1720-1763.

[240] Zhao Q，Qi H J，Xie T. Recent Progress in Shape Memory Polymer：New Behavior，Enabling Materials，and Mechanistic Understanding [J]. Progress in Polymer Science，2015，49-50：79-120.

[241] Morshedian J，Khonakdar H A，Mehrabzadeh M，et al. Preparation and Properties of Heat-shrinkable Cross-linked Low-density Polyethylene [J]. Advances in Polymer Technology：Journal of the Polymer Processing Institute，2003，22（2）：112-119.

[242] Rousseau I A，Xie T. Shape Memory Epoxy：Composition，Structure，Properties and Shape Memory Performances [J]. Journal of Materials Chemistry，2010，20（17）：3431-3441.

[243] Xin X Z，Liu L W，Liu Y J，et al. Mechanical Models，Structures，and Applications of Shape-memory Polymers and Their Composites [J]. Acta Mechanica Solida Sinica，2019，32（5）：535-565.

[244] Bellin I，Kelch S，Langer R，et al. Polymeric Triple-shape Materials [J]. Proceedings of the National Academy of Sciences of the United States of America，2006，103（48）：18043-18047.

[245] Zhao Q，Behl M，Lendlein A. Shape-memory Polymers with Multiple Transitions：Complex Actively Moving Polymers [J]. Soft Matter，2013，9（6）：1744-1755.

[246] 王林，狄淑斌，王文玺，等. 具有自修复功能的形状记忆聚酯的研究 [J]. 中国科技论文，2015，10（16）：1978-1982.

[247] 史建中，王晓明. 形状记忆高分子材料结构与性能的研究进展 [J]. 山西化工，2018，38（5）：51-52，55.

[248] Brennan M. Suite of Shape-memory Polymers [J]. Chemical and Engineering News，2001，79（6）：5-9.

[249] Zhang P F，Li G Q. Advances in Healing-on-demand Polymers and Polymer Composites [J]. Progress in Polymer Science，2016，57（1）：32-63.

[250] Voit W，Ware T，Gall K. Radiation Crosslinked Shape-memory Polymers [J]. Polymer，2010，51（15）：3551-3559.

[251] Lendlein A，Langer R. Biodegradable，Elastic Shape-memory Polymers for Potential Biomedical Applications [J]. Science，2002，296（5573）：1673-1676.

[252] Chatterjee T，Dey P，Nando G B，et al. Thermo-responsive Shape Memory Polymer Blends Based on Alpha Olefin and Ethylene Propylene Diene Rubber [J]. Polymer，2015，78：180-192.

[253] 王立斌. 基于 TPV 的形状记忆材料的结构及性能研究 [D]. 青岛：青岛科技大学，2019.

[254] Nie Y J, Huang G S, Qu L L, et al. Cure Kinetics and Morphology of Natural Rubber Reinforced by the In Situ Polymerization of Zinc Dimethacrylate [J]. Journal of Applied Polymer Science, 2010, 115 (1): 99-106.

[255] 李嘉豪, 孙颖涛, 陆逊, 等. 压缩模式下乙烯-丙烯酸甲酯共聚物/丁腈橡胶热塑性硫化胶的形状记忆材料性能 [J]. 合成橡胶工业, 2021, 44 (6): 468-473.

[256] Sun Y T, Li Jiahao, Liao K R, et al. Heat-Triggered Shape Memory Effect of Peroxide Cross-Linked Ethylene-Methacylic Acid Copolymer/Nitrile-Butadiene Rubber Thermoplastic Vulcanizates with Sea-Island Structure [J]. Rubber Chemistry and Technology, 2021, 94 (3): 449-461.

[257] 王立斌, 王君豪, 王兆波. EVA 热致型形状记忆高分子材料的制备与性能研究 [J]. 特种橡胶制品, 2019, 40 (2): 19-23.

[258] 刘菲菲, 单秀, 王兆波. EAA 基热致型热塑性形状记忆高分子材料弹性体的制备与性能研究 [J]. 特种橡胶制品, 2020, 41 (1): 1-6.

[259] 廖珂锐, 李嘉豪, 王兆波. 基于 EMA 热塑性弹性体的热致型形状记忆高分子材料的制备与性能 [J]. 弹性体, 2020, 30 (1): 12-16.

[260] Sun L Y, Lu X, Bai Q, et al. Triple-Shape Memory Materials Based on Cross-Linked Ethylene-Acrylic Acid Copolymer and Ethylene-Vinyl Acetate Copolymer [J]. Polymer Engineering Science, 2022, 62 (8): 2692-2703.

[261] Naskar K, Gohs U, Heinrich G. Influence of Molecular Structure of Blend Components on the Performance of Thermoplastic Vulcanisates Prepared by Electron Induced Reactive Processing [J]. Polymer, 2016, 91: 203-210.

[262] 彭涛. 基于可逆共价键的 PLA/ENR TPV 的制备及性能研究 [D]. 广州: 华南理工大学, 2021.

[263] 王兆波, 李帅. 一种基于热塑性硫化胶的 NTC 材料的制备方法: CN201310476561.4 [P]. 2015-09-23.

[264] Ning N Y, Hu L J, Yao P J, et al. Study on the Microstructure and Properties of Bromobutyl Rubber (BIIR) /Polyamide-12 (PA12) Thermoplastic Vulcanizates (TPVs) [J]. Journal of Applied Polymer Science, 2016, 133 (8): 43043.

[265] Gao Y, Li Y, Hu X R, et al. Preparation and Properties of Novel Thermoplastic Vulcanizate Based on Bio-Based Polyester/Polylactic Acid, and Its Application in 3D Printing [J]. Polymers, 2017, 9 (12): 694.

[266] Xu C H, Wang Y P, Lin B F, et al. Thermoplastic Vulcanizate Based on Poly (vinylidene fluoride) and Methyl Vinyl Silicone Rubber by Using Fluorosilicone Rubber as Interfacial Compatibilizer [J]. Materials & Design, 2015, 88: 170-176.

[267] Yuan D S, Chen K L, Xu C H, et al. Crosslinked Bicontinuous Biobased PLA/NR Blends via Dynamic Vulcanization Using Different Curing Systems [J]. Carbohydrate Polymers, 2014, 26 (113): 438-445.

[268] Si W J, Yuan W Q, Li Y D, et al. Tailoring Toughness of Fully Biobased Poly (lactic acid) /Natural Rubber Blends Through Dynamic Vulcanization [J]. Polymer Testing, 2018, 65: 249-255.

[269] Ma P M, Xu P W, Liu W C, et al. Bio-based Poly (lactide) /Ethylene-co-vinyl Acetate Thermoplastic Vulcanizates by Dynamic Crosslinking: Structure vs. Property [J]. RSC Advances, 2015, 5 (21): 15962-15968.

[270] Chen Y K, Chen K L, Wang Y H, et al. Biobased Heat-Triggered Shape-Memory-Polymers Based on Polylactide/Epoxidized Natural Rubber Blend System Fabricated via Peroxide-Induced Dynamic Vulcanization: Co-continuous Phase Structure, Shape Memory Behavior, and Interfacial Compatibilization

[J]. Industrial & Engineering Chemistry Research, 2015, 54 (35): 8723-8731.

[271] 郑铭焕. 生物基 PLA/ENR 动态硫化热塑性弹性体研究 [D]. 杭州：浙江农林大学，2020.

[272] Rasal R M, Janorkarc A V, Hirt D E. Poly (lactic acid) Modifications [J]. Progress in Polymer Science, 2010, 35 (3): 338-356.

[273] Liu H Z, Zhang J W. Research Progress in Toughening Modification of Poly (lactic acid) [J]. Journal of Polymer Science Part B: Polymer Physics, 2011, 49 (15): 1051-1083.

[274] Liang Y F, Wang H Y, Li J H, et al. Green Thermoplastic Vulcanizates Based on Silicone Rubber and Poly (butylene succinate) via In situ Interfacial Compatibilization [J]. ACS Omega, 2021, 6 (6): 4461-4469.

[275] Faibunchan P, Pichaiyut S, Kummerlöwe C, et al. Green Biodegradable Thermoplastic Natural Rubber Based on Epoxidized Natural Rubber and Poly (butylene succinate) Blends: Influence of Blend Proportions [J]. Journal of Polymers and the Environment, 2020, 28 (3): 1050-1067.

[276] Thongpin C, Tanprasert T. Dynamic Vulcanization of NR/PCL Blends: Effect of Rotor Speed on Morphology, Tensile Properties and Tension Set [J]. Key Engineering Materials, 2019, 798: 337-342.